互联网＋新媒体营销规划丛书

U0261850

微信小程序
策划与运营

丛书主编 秋叶 / 谢雄 勾俊伟 编著

人民邮电出版社

北京

图书在版编目（CIP）数据

微信小程序策划与运营 / 谢雄，勾俊伟编著. -- 北京 ：人民邮电出版社，2018.5（2021.1重印）
（互联网+新媒体营销规划丛书）
ISBN 978-7-115-48199-3

Ⅰ. ①微… Ⅱ. ①谢… ②勾… Ⅲ. ①移动终端－应用程序－程序设计 Ⅳ. ①TN929.53

中国版本图书馆CIP数据核字(2018)第061080号

内 容 提 要

本书全面介绍了微信小程序及小程序运营各模块的具体内容。第 1 章重点介绍小程序到底是什么，其中包括小程序的定义、发展历史、特点、价值及发展趋势；第 2 章重点介绍小程序营销优势，通过对小程序四大营销优势和它直接影响的五大领域的介绍，引导读者全面了解小程序这一新兴事物的营销价值；第 3 章重点介绍小程序后台操作，包括小程序后台功能概述、小程序基础设置、小程序功能配置及小程序推广设置等具体操作技巧；第 4 章重点介绍小程序策划，包括小程序策划的步骤和案例，特别是小程序的运营逻辑和差异化设计；第 5 章重点介绍小程序运营推广，包括小程序推广要了解的官方规则、小程序的推广场景和小程序的用户传播方式；第 6 章重点介绍小程序数据分析，包括常规数据分析、自定义数据分析、小程序数据助手和第三方小程序数据分析工具；第 7 章重点介绍小程序企业应用案例，选取了京东购物、万达电影、链家房屋估价等，利用分析框架帮助读者了解小程序案例的策划与应用的方法和技巧。

本书适合企业营销和新媒体传播实践工作的初学者和从业者使用，也可作为本科院校及职业院校市场营销专业、企业管理专业、商务贸易专业、电子商务专业新媒体运营相关课程的教学用书。

◆ 编　著　谢　雄　勾俊伟
　　责任编辑　古显义
　　责任印制　马振武

◆ 人民邮电出版社出版发行　　北京市丰台区成寿寺路 11 号
　　邮编　100164　电子邮件　315@ptpress.com.cn
　　网址　http://www.ptpress.com.cn
　　北京天宇星印刷厂印刷

◆ 开本：720×960　1/16
　　印张：11.25　　　　　　　　　2018 年 5 月第 1 版
　　字数：178 千字　　　　　　　2021 年 1 月北京第 5 次印刷

定价：39.80 元

读者服务热线：(010)81055256　印装质量热线：(010)81055316
反盗版热线：(010)81055315
广告经营许可证：京东市监广登字 20170147 号

丛书编委会

主　　编　秋　叶

副 主 编　哈　默　勾俊伟　萧秋水

成　　员　张向南　刘　勇　秦　阳　叶小鱼　梁芷曼

　　　　　谢　雄　陈道志　乔　辉　麻天骁　葛佳佳

　　　　　孙　静　韩　放　贾　林

P

随着智能手机的普及和移动互联网的发展，我国网民的上网方式几乎已经全面移动化，各种各样的手机 App 层出不穷。当太多 App 占满用户的手机屏幕和内存时，手机就容易出现内存容量紧张和运行速度变慢的情况，这也是最初小程序得以诞生和发展的原因。

2017 年 1 月 9 日，小程序正式上线。历时一年多来，小程序的功能经过快速的优化迭代，得到了快速的发展，培养了大量用户，目前小程序日活跃用户数已达 1.7 亿户、已上线小程序 58 万个，上线不足一个月的小游戏"跳一跳"累计用户达 3.1 亿户，小程序的火爆程度可见一斑。小程序的爆发也引起了社会各界人士的关注，社会各界纷纷表示这是一次不容错过的流量红利，具备极高的营销价值。对学生而言，学习小程序策划与运营已是增强其运营与营销能力的重要方向。

不过，迎来微信小程序的同时，企业也面临一系列的营销难题：什么是微信小程序、如何策划小程序、如何运营推广小程序……而市面上目前缺乏适合高校使用的、系统讲解小程序运营的实战图书。

本书就是为了迎合市场需求而编写的，具有以下特色。

1. 体系完整

本书既讲解了微信小程序的概念、营销优势，又讲解了小程序策划、小程序后台操作、小程序运营推广、小程序数据分析的细节和技巧。

2. 实操性强

本书在知识讲解的基础上，更注重案例分析与实操性。

3. 注重思考

本书精心设计了大量的课堂讨论与实战训练，旨在引导读者发挥主观能动性，切实提高读者的新媒体运营能力；培养读者的独立思考能力，使读者能够在工作中学以致用。

本书适合作为本科院校、职业院校新媒体运营相关课程的教材。如果选用本书作为教学用书，建议安排 32～48 学时。

编者情况

本书由谢雄和勾俊伟合作完成，创作过程中得到了诸多朋友的帮助，在此表示感谢。由于时间仓促，书中疏漏和不妥之处在所难免，欢迎广大读者批评指正。如果对本书有任何意见和建议，请将意见和建议发至邮箱 xiexiong2014@foxmail.com。

编　者

2018 年 3 月

目录
C ONTENTS

01 Chapter

第 1 章
小程序到底是什么

通过阅读本章内容，你将学到：
- 小程序的概念和特点
- 小程序的价值
- 小程序与服务号、App、H5 的区别
- 小程序的注册步骤
- 小程序的发展趋势与瓶颈

// 1.1 小程序的起源和概念

1. 小程序的起源和诞生

截至 2017 年 11 月，我国移动互联网用户总数达到 12.5 亿户，使用手机上网的用户为 11.6 亿户，对移动电话用户的渗透率为 82.1%，我国网民上网方式已经全面移动化。随着 4G 网络的不断发展和更多高性价比智能手机的普及，以及人们对工作、生活、娱乐等多方面的需求日益增长，各种移动应用程序 App（英文全称为 Application）应运而生。据《2017 年 Q4 暨全年移动互联网行业数据研究报告》显示，2017 年第四季度，每个移动网民手机中平均装有 40 个 App。当太多 App 占满用户的手机屏幕和内存时，手机就容易出现内存容量紧张和运行速度变慢的情况。同时，App 的升级和下载本身也在消耗手机带宽和系统资源，致使 App 的日益丰富与手机运行速度之间的矛盾日渐加重。

针对此矛盾，各大移动应用厂商提出了各自的解决方案。2013 年 8 月 22 日，百度正式在百度世界大会上首先提出"轻应用"（Light App）的概念。百度将轻应用定义为一种无须下载、即搜即用的全功能 App，既有媲美本地原生 App（Native App）的用户体验，又具备 Web App 可被检索与智能分发的特性。后续 UC+开放平台、支付宝公众平台等类似轻应用平台相继发声。这些平台都是基于 HTML5（超文本标记语言的第五次重大修改，简称 H5）推出的 Web App，但是由于未形成账号体系、不符合用户习惯等，用户使用率较低，活跃度较低，这些平台并没有发展起来。

2016 年，微信之父张小龙意识到微信解决以上问题有重大的潜在商业价值，可以围绕庞大的微信用户入口，构建一个应用生态闭环。2016 年 1 月 11 日，张小龙透露将在订阅号和服务号外新设微信"应用号"。经过一年多的开发，2017 年 1 月 9 日，张小龙在 2017 年微信公开课 Pro 上宣布的小程序正式上线。

自 2016 年 9 月 22 日开始内测到 2018 年年初，在一年多的时间里，小程序的功能经过快速的优化迭代，培养了大量用户。根据 2018 年 1 月 15 日微信公开课数据，目前小程序日活跃用户数已达 1.7 亿户、已上线小程序 58

万个，覆盖 100 万开发者、2 300 个第三方平台。上线不足一个月的小游戏"跳一跳"累计用户达 3.1 亿户，跃居小程序使用榜首，用户次日留存（次日仍然登录使用）率达到 65%。

2．小程序的概念和历史

微信小程序简称小程序，英文名为 Mini Program，是一种不需要下载安装即可使用的应用。

张小龙对小程序的描述："小程序是一种不需要下载、安装即可使用的应用，它实现了触手可及的梦想，用户扫一扫或者搜一下就能打开应用，也实现了用完即走的理念，用户不用安装太多应用，应用随处可用，但又无须安装、卸载。"

从小程序的定位来看，微信的核心价值是连接一切：订阅号定位连接人与资讯，为微信用户提供优质和丰富的内容；服务号连接人与服务，建立企业和普通用户沟通的桥梁，将企业的产品和服务更好地传达至用户，但服务号由于受限于开发权限与服务频次，无法提供更多的服务；小程序的诞生则弥补了订阅号和服务号的不足，连接了人和应用，企业能够为用户提供更复杂、更个性化的服务体验。

从小程序的本质来看，小程序与早前百度提出的轻应用大体相似，都是以类似 Web App 的形式而存在的，提供无须下载、即搜即用的直达服务，通过开放更多应用程序接口（Application Programming Interface，API）及微信入口，为用户提供更多服务。但是小程序又不同于 Web App，因为二者的开发逻辑与开发语言完全不一样。

总之，小程序就是在微信内部运行的应用，不用像 App 那样需要到手机应用市场下载、安装、注册、卸载，它只能在微信内部打开，但能拥有不输App 的用户体验。

从 2016 年 9 月内测到现在，小程序的发展阶段分为内测期、种子期、发展期、爆发期，如表 1-1 所示。

表 1-1　小程序的发展阶段

时间	阶段	关键事件
2016 年 9 月—2017 年 1 月	内测期	2016 年 9 月 22 日凌晨，微信公众平台开始陆续对外发送小程序内测邀请

续表

时间	阶段	关键事件
2017 年 1 月—2017 年 3 月	种子期	2017 年 1 月 9 日 7 点 04 分，微信公开课发布"你好，我是小程序"，微信小程序正式上线。但小程序上线后，更新缓慢，受到市场的质疑和观望
2017 年 3 月—2017 年 10 月	发展期	微信小程序在此段时间内快速更新迭代，开放更多入口，几乎每周都有较大迭代更新
2017 年 10 月—2018 年 1 月	爆发期	"双十一"之前，电商小程序爆发，综合、衣装、拼团、母婴、生鲜类等大批电商程序诞生。2017 年 12 月 28 日，微信更新的 6.6.1 版本开放了小游戏类小程序

课堂讨论

最近你使用过哪一款微信小程序？使用体验怎么样？

// 1.2 小程序的特点

1. 从产品角度看

从产品角度看，小程序具备以下 4 个特点。

（1）无须安装和卸载

小程序的第一个特性就是免去安装和卸载的过程，用户可以直接使用。

例如，小 A 同学在微信中收到老师的一条消息，被临时委派去北京参加演讲比赛。由于演讲比赛为期 2 天，需要提前订机票、酒店，但组委会没有统一预订购买，需要演讲参赛者自行解决，所以小 A 需要自己订机票、酒店，可以采用以下任意一个方案。

方案一：使用去哪儿旅行 App 订机票、酒店，大约需要 10 步完成，如图 1-1 所示。

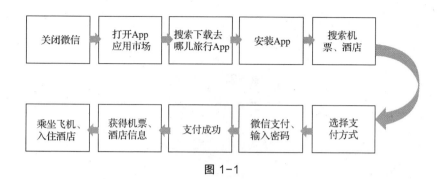

图 1-1

方案二：使用去哪儿小程序，大约需要 7 步即可完成，如图 1-2 所示。

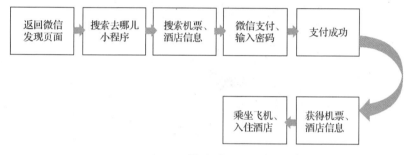

图 1-2

　　对比两个方案，可以看出小程序体现了无须下载安装即可媲美 App 使用的用户体验。实际上，用户在使用完小程序后直接退出就好，并不需要其他程序管理器去管理它，没有卸载的过程。

　　（2）触手可及，用完即走

　　小程序的第二个特性是触手可及，用完即走。小程序的出现，让用户获取信息更加简单。其实，用户可以通过智能手机直接获得周边信息，通过手机扫描功能和周边产生互动，如在博物馆里，扫一下二维码就可以获知当前物体的背后信息。

　　在微信与好友聊天时，用户会发送一些表情包，有时为了表示亲近，可能还会发一些定制表情包。以前用户为了制作一个定制的表情包，可能需要运用 Photoshop 软件操作，或者下载 App 进行制作，操作成本较高，但是现在可以利用相关的小程序定制好友表情包（见图 1-3），制作非常方便，表情包触手可及。

图 1-3

当用户使用小程序完成一个任务之后，并不需要卸载小程序，可以当它不存在，直接退出，做到用完即走。例如，小明聊天时利用小程序给好友发送完定制表情包，直接和好友继续聊天即可，不用再对小程序进行其他设置。因此，小程序非常适用于既刚需使用频率又不高的应用场景，如订机票、火车票、查询违章等。

（3）内存小、运行快，操作便利快捷

微信官方定义小程序是不需要下载安装的小应用，实际上严格来讲，小程序也是需要下载安装的。只是由于官方规定小程序开发打包容量不得超过1MB 及技术实现方案使下载和安装（部署）过程极快，用户在打开使用的过程中感受不到它在下载安装而已。因此，对用户而言，即使使用一些配置较低的手机，也能相对流畅地运行小程序。

由于小程序小，加载速度快，不用下载安装，只要点击打开即可使用，而传统普通的 App 则需要先下载再安装和注册才可以使用。用户使用小程序，只需要在微信中搜索对应的小程序即可。不论是查找还是使用，操作小程序都非常便利快捷。

例如，以前用户为了骑摩拜单车，可能需要专门下载一个 App，现在打开微信的小程序"摩拜单车"，直接扫码开车，非常方便，如图 1-4 所示。

图 1-4

（4）容易部署，具有丰富的延展性

小程序是可以轻松使用的跨平台技术，将最新的前端技术与微信业务进行完美的结合，在微信环境中可以轻松开发出媲美原生体验的应用。开发者可以轻松地部署接入方式，提供不输原生 App 的用户体验，从此企业和创业者无须开发 App，只需要专心构建功能和服务。如在携程旅游的小程序上，订酒店、订机票、订景点门票等各种核心功能服务，都已经完全实现。

另外，随着小程序的快速更新迭代和更全面地放开，小程序有了更多的入口、更多的互动形式和展现形式，如录音、视频等。因此，小程序有更好的延展性，企业或创业者可以开发出更多、更有趣的小程序。同时小程序增加了用户之间的互动和联系，如使用"QQ 音乐小电台"小程序听歌，使用"鲸打卡"小程序完成任务打卡，使用"包你说"小程序通过趣味口令抢红包等。

2. 从平台分发角度看

从平台分发的角度看，小程序具备以下 3 个特点。

（1）去中心化

运营者只有了解小程序的分发特点，才能更好地运营和推广小程序。小程序的分发类似于微信公众号，都是去中心化的平台分发方式，也就是说微信平台不会提供一个中心化的流量入口给所有的小程序运营者。然而微博有更强烈的传播和媒体属性，微博官方其实会主动扶持平台"大V"，并且通过信息流、推荐关注、制作排行榜等手段帮助微博用户积累粉丝，而微信官方不会主动扶持某个第三方小程序，小程序的运营者需要靠自己的努力去运营推广小程序，从而获得更多用户和流量。

（2）多推广入口

虽然微信目前是去中心化的平台分发方式，但微信官方已经开放多个推广入口，包括微信底部"发现"、搜索入口、公众号入口、二维码入口、附近的小程序入口等。小程序运营者可以利用这些推广入口，对其小程序进行运营推广。

例如，小程序"新世相读书会"曾在推广其新上线的付费课程《成为不可替代的人——同事都怕你上的职场课》时，利用分享好友购买课程可以获得现金奖励的活动方式，使很多用户自发地在朋友圈、微信群内分享小程序"新世相读书会"，如图 1-5 所示。

图 1-5

（3）无分类和专题展示

不论是 PC 时代的网站，还是移动端的 App，为了方便用户查找和使用，平台几乎都会采用分类和专题的形式来展示。例如，在 PC 互联网时代，hao123 等导航网址会将常用网站通过分类合辑的形式展示，如图 1-6 所示。

图 1-6

在移动互联网时代，用户如果想了解最新或好玩的 App，可以在各大应用市场查找和下载自己喜欢的 App。例如，在华为应用市场，用户可以查看到游戏、影音娱乐、社交等十多个分类的 App，如图 1-7 所示。

图 1-7

然而，目前用户无法在微信官方平台查看小程序分类和专题，这意味着，如果没有好友推荐或者相关资料介绍，用户可能无法知道最新或好玩的小程序有哪些。

3．从运营推广角度看

从运营推广角度来看，小程序具备以下 3 个特点。

（1）流量自给自足

基于小程序去中心化的分发特性，小程序运营者在运营推广时只能依靠自身努力，推广流量自给自足。用户在微博平台做推广，可以通过新建话题、追热点等方式，间接获取平台的推荐和曝光，从而获得流量。但在微信平台上，小程序运营者只能依靠打造产品知名度、建设用户口碑等方式来挖掘流量。

（2）用户留存率低

基于小程序用完即走的特性，小程序较难留存用户。相比在抖音或今日头条等平台，账号运营者不仅可以收获粉丝的关注，并且其策划的精华内容还能被粉丝收藏和分享。但是在微信平台，用户与小程序的黏性较低，已使用过的小程序、星标小程序、添加小程序至桌面等是用户留存小程序的主要手段。但是由于展示区域过小，能被普通用户标为星标的小程序数量很有限。

因此，从目前小程序的生态来看，小程序运营者在留存用户方面会遇到不小的挑战。如果运营者希望提升用户留存率，可以多利用消息模板等功能，加强小程序与用户的黏性，当小程序运营者有重要信息告知用户时，可以发送消息提醒用户。

（3）用户习惯有待培养

虽然小程序目前日活跃用户数已达 1.7 亿户，上线一年多来发展十分迅速，但是《2017 微信数据报告》显示，截至 2017 年 9 月，微信日活跃用户达 9 亿户，日发消息 380 亿条。小程序的日活跃用户占比不到微信日活跃用户的 20%，这说明很大一部分微信用户不太熟悉小程序，甚至几乎没有使用过小程序。因此，小程序运营者要知道培养用户使用小程序的习惯，需要支付较高的成本。

课堂
讨论

　　"拼多多"App[见图 1-8（a）]与"拼多多"小程序[见图 1-8（b）]有什么区别?

（a）　　　　　　　　　（b）　　　　　　　　　（c）

图 1-8

// 1.3 小程序的价值

　　小程序自诞生以来,官方更新非常频繁,具备越来越强的能力,获得更多开放的入口,市场上也涌现出各种各样的小程序。自从微信成为全民级别的应用以来,人们每天扫描二维码的次数数以亿计,二维码出现在大街小巷的包子店、便利店、咖啡店、商场、停车场等。

　　在小程序出现以前,扫描二维码用于添加公众号、打开 H5 页面或支付款项,而小程序出现后,扫描一个二维码就可以打开一个接近原生 App 的应用,小程序极大拓展了二维码的能力。那么小程序的出现,到底带来了什么价值呢?

1. 对用户的价值

从用户的角度来说，小程序具有轻便快捷的特点，更加便捷地满足了人们线上、线下场景的服务需求。例如线下聚会的时候，好朋友在用小程序玩一个小游戏"欢乐坦克大战"，无须下载 App，也可以与他一起玩起来。

总之，面对一些低频却刚需的活动，用户没有流量、想节约手机内存、不想下载 App 等"尴尬"的场景，小程序就发挥了它的价值，概括来说有以下 3 点。

（1）让线下服务更方便

用户在线下消费的场景需求是"快捷方便""操作简单""用完就走"。例如去餐厅吃饭，为了避免长时间排队叫号等待，用户可以扫码进入小程序完成叫号，在号码即将排到的时候，用户会收到小程序的提醒前去就餐，这个过程能为用户节约大量的时间。用户不用下载 App，不用关注公众号，也不用在店家门口久坐等待。同时小程序的加载速度比 H5 快，付款操作比 H5 方便，对用户来说，是最方便的方式。

（2）减少手机内存

普通用户一年旅行的次数比较少，但是每一次旅行，都要下载很多 App，包括查攻略的 App、订机票的 App、订酒店的 App、打车的 App、购买景点门票的 App 等，有时为了找到性价比较高的服务，还需要货比三家，同一类型的 App 下载多个，看看哪一家的服务收费最低。

用户需要下载多个 App，还要注册登录，不仅消耗大量手机内存，还特别麻烦。其实小程序降低了这些低频服务类 App 的使用门槛，用户需要使用的时候打开小程序，用完直接关闭即可，不会占用手机内存。如要买火车票时打开小程序，买完票就关闭它，等要用时再打开，避免使用低频又占用内存的 App 一直存在手机里。

（3）满足短时期个性化需求

在一些生活场景中，用户难免有一些个性化的需求，而这些个性化的需求往往都是持续时间比较短的，这种情况下，小程序可以满足这些需求。例如，人们在日常生活中经常会有如下需求。

想看某个电视剧：由于版权方的采购策略不同，目前各大视频网站的视频内容不尽相同。如用户想看一个电视剧，需要下载一个视频 App，想看一个综艺节目，就要下载另一个视频 App。这时候用户就可以使用小程序，去看自己想看的视频内容，避免出现下载多个 App 的尴尬。

偶尔寄个快递：人们在生活中偶尔会有寄快递的需求，不同的快递也有着不同选择。文件比较重要想寄顺丰，东西比较重想使用便宜点的物流公司提供的服务，东西比较紧急又需要找闪送快速送达。这时用户就可以依据自己的需求，打开小程序选择合适的快递公司，填写快递详情，下完订单关闭即可等人上门收件，完全不需要下载 App。

课堂讨论

你认为以下哪些场景更适合用小程序？

1. 你每天上班，公司距离地铁站 1000 米，需要用自行车代步。
2. 临时被安排帮忙寄送快递给联谊的单位。
3. 组织学校圣诞晚会需要购买演出服装。
4. 考英语托福需要背英语单词，同学推荐下载一个软件学习。

2. 对 App 开发者的价值

小程序的出现，对企业来说，新增了一项拉新用户的渠道，但是小程序与原有 App 的关系也是企业需要考虑的问题。对 App 开发者来说，小程序的价值有以下 5 点。

（1）减少开发成本，降低创业门槛

显而易见，小程序相对 App 而言，节约了企业的开发成本，因为基于微信小程序框架，开发者能很容易地开发一款小程序。对企业而言，第一，开发语言比较简单，微信提高了自身对于 H5 的特性支持能力，开放了更多的系统调用；第二，小程序只需要兼容微信即可，一定程度上克服了不同平台的不兼容性，企业不必再为不同版本的操作系统开发不同的软件，节约了大量时间和人力。

（2）降低获客成本，更容易获取用户

以前企业推广产品给新用户，都希望用户能下载 App。但是有了小程序之后，用户可以先通过小程序使用企业产品的核心功能，如果想使用更丰富的功能、获得更好的体验，可以下载 App。对企业而言，获客成本大大降低，用户的体验也更加便捷。同时通过小程序，用户更便捷地体验产品功能，缩短了企业培养用户使用习惯的时间和成本，更容易获取用户。例如，2015 年左右，"滴滴"和"快的"等打车 App 疯狂补贴推广产品，培养新用户使用叫车软件打车的习惯，引导用户下载打车 App，用户操作成本高，企业推广成本也高。后续类似互联网产品做线下推广，通过小程序也能培养用户习惯。

（3）提供新一波流量红利，产品获得横空出世的机会

小程序诞生于微信生态，背靠 8 亿多月活跃用户，并且这些用户具备极强的社交属性。这意味着小程序背后就有可观的用户基数，并且如果产品体验较好，容易形成口口相传的良好口碑，用户之间的推荐率会大大提高。

例如，阿里、京东如今在电商行业两分天下，电商小程序竟获得意外爆发。《2017 年度中国微信小程序电商应用专题研究报告》指出，2017 年，微信小程序电商购买用户规模达到 0.63 亿元，2018 年有望达到 1.62 亿元，增长率将超过 157.1%。

（4）产品开发迭代周期快，效率高

由于小程序大大降低了企业的开发成本与难度，企业开发迭代产品的周期也会更快，以往一个 App 的一个重大版本可能需要 1 个月才能开发完毕，若使用小程序，企业可能仅需 1 周就可以完成重大版本的更新。

（5）提供个人做产品的机会，更简单的运营模式

如果说微信公众号给了人人一个做自媒体、为自己发声的机会，那么小程序可以说给人人提供了做产品的机会。以前无论是 PC 端产品还是移动端 App，开发难度大，开发成本高。可是如今小程序支持个人开发者开发，每一个发现需求的开发者都能去开发小程序。

有时甚至找到一个非常简单的运营模式，就能获得稳定的收益。例如，小程序"赞赏小助手"，解决的就是微信公众号作者无法收到苹果手机用户赞赏的需求，而通过这个小程序，安卓和 iOS 系统用户扫描二维码之后，可以直接给作者打赏，而小程序的盈利模式则是从赞赏金额中抽取一定比例的服务费。

3．对线下商家的价值

（1）流量价值

对线下商家来说，小程序最大的价值来源于微信。微信 9.8 亿用户和微信对小程序开放的诸多权限、入口（如基于定位功能，有附近的小程序，基于关键词搜索，可以搜索小程序，基于扫描二维码可以访问小程序等）都为商家带来了庞大的流量，商家只需要基于这些入口做好相应的推广，即可低

成本地获取海量流量。

（2）提供全新服务方式，提升效率

对线下商家而言，小程序是全新的服务方式，用户使用小程序无须下载，无须安装注册，可以非常快捷地使用商家提供的服务。如线下等位的小程序，用户扫码就可以叫号和点餐，节省了排队等候时间，提升了餐厅运营效率，一定程度上提升了餐厅翻台率，增加了餐厅收入。

4．对微信的价值

（1）链接线上和线下

移动互联网用户的增长已趋饱和，线上流量成本越来越高，通过小程序二维码可以激活线下的闲置资源和用户，链接线上和线下，丰富线下使用场景。另外，有许多中老年用户不愿意下载 App 应用，但是小程序不用下载安装、方便快捷、用完就走的特点，非常符合中老年用户的线下使用场景。

（2）使用户使用微信的时长变得更长

微信的定位是"微信，是一个生活方式"，可是当我们最初只用微信聊天的时候，我们觉得微信还不算真正意义上的生活方式。小程序诞生后，用户使用手机的一天场景可能是"手机开机—微信—（社交+购物+吃饭+金融）—关机"，第二天循环。微信几乎可以实现所有的生活场景，如点外卖、出门打车、骑摩拜单车、商超便利店购物、微信支付、餐馆小程序点餐、小程序电商购物、银行理财、租房找房、寄快递、订飞机票、查违章、医院挂号、玩游戏等。

（3）弥补订阅号和服务号能力的不足

如前所述，小程序的诞生弥补了订阅号和服务号不足，连接了人和应用，让企业能够为用户提供更复杂、更个性化的服务体验。

（4）提升微信大数据能力

以前的微信可能只能收集用户的社交数据与偏好，但是加入了小程序的微信则能收集更多、更全面的用户大数据，覆盖人们衣食住行的各个方面。通过对这些数据进行分析，开发者能了解用户行为，构建更加立体的用户画像。

总之，小程序对普通用户、App 开发者、线下商家都有着巨大的价值，但是企业和用户也不得不面对小程序与原有 App 的选择。App 和小程序并行，企业应该如何定位，用户该在什么场景下选择使用 App 和小程序呢？从用户需求的重要程度与频率方面，可以进行图 1-9 所示的规划。当面对高频和重要的需求（如社交和支付）时，首选 App，这样会给用户提供更好的体验；当面对低频和不太重要的需求（如偶尔看视频和点外卖）时，首选小程序。

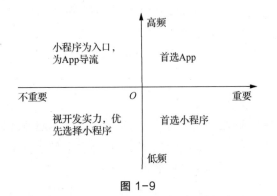

图 1-9

课堂讨论

假如你是一家企业的管理人员，面对以下业务方向，你觉得适合开发小程序还是适合开发 App 进行支持？

1. 公司想针对二次元人群开发一款社交产品。

2. 临近春节，用户抢票需求增多，开发一款抢票类工具。

3. 为了满足白领用户在线上的商务社交需求，开发一款电子名片工具。

4. 公司想开发一款资讯阅读类产品。

5. 为增加用户聊天的趣味性，公司想开发一款表情包类产品。

// 1.4 小程序与服务号、App、H5 的区别

1. 小程序与服务号的区别

小程序与服务号是并行体系，同属于微信生态圈。企业要做好、做大一个服务号，基础就是获取大量目标用户的关注，即获得大量粉丝。服务号与用户存在关注和订阅的关系，业界通过粉丝数量判断该服务号的价值。

小程序与服务号不同的是没有关注与订阅关系，只有被访问量。小程序与用户的关系是用户的使用与访问关系。小程序不是公众号体系的延伸，而

是一种新的形态。

- 定位方面：小程序与服务号的定位区别在于小程序面向产品与服务，而服务号服务于信息传递。

- 功能方面：小程序主要为用户提供服务，而服务号主要用于信息展示与资讯发布。

- 体验方面：小程序的体验接近原生 App，而且不用下载、不占用用户的手机内存，不允许推送广告，而服务号由于开发和运行环境是以传统 H5 为基础的，操作延迟较大。

- 开发成本：小程序是基于微信自身的开发工具与语言，可随意调用微信开发里的 API，不用担心浏览器的兼容性，较稳定，不易产生问题，开发成本较低，而服务号由于是基于传统的 H5 开发与运行环境，开发成本和难度与 H5 相同。

- 入口方面：小程序的入口与服务号的入口同是微信生态体系，二者各有利弊。

- 留存方面：小程序虽然不能被下载，但是可以被添加到桌面上，用户使用起来接近原生 App，同时也可以在小程序列表里为喜欢的小程序添加星标。服务号在被用户关注后留在用户的订阅列表里，同时用户可以置顶喜欢的服务号。

2. 小程序与 App 的区别

对用户来说，小程序与 App 的差异如表 1-2 所示。

表 1-2　小程序与 App 的区别

产品形态	小程序	App
运行环境	微信内	操作系统内
功能	为用户提供服务	为用户提供服务
体验	接近原生 App，但局限于微信开放的入口及释放的能力	可以实现完整的功能
成本	低	高
开发	基于微信自身的开发工具与语言，可随意调用微信支持的 API 接口，不用担心浏览器的兼容性，较稳定，不易出问题	须考虑不同平台兼容性，开发不同系统、不同版本的 App

续表

产品形态	小程序	App
入口	线下二维码、微信通讯录下拉列表、微信-发现、附件小程序、公众号关联等	应用市场、手机厂商、浏览器
传播	可通过小程序二维码、微信搜索、附近小程序等多个流量入口传播，借助微信流量红利，推广成本低	传播成本高，需要引导用户下载注册，推广难度大，获取用户成本高
留存	可被添加到桌面、被标注为星标程序	受限于用户使用频率与手机内存

除了以上几点差异外，小程序与 App 的拉新步骤也有很大差异（见图 1-10）。App 从曝光让用户知道到使用需要经历多个步骤，而小程序由于不需要下载注册，用户的门槛降低，推广成本也更低。

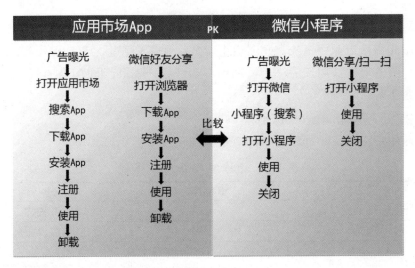

图 1-10

3. 小程序与 H5 的区别

很多人分不清楚到底小程序与 H5 有什么区别，甚至误以为小程序就是 H5 页面，其实并非如此。小程序的运行环境是非完整的浏览器，实际上它是计算机程序，而 H5 的运行环境则是纯浏览器页面。小程序与 H5 的区别如表 1-3 所示。

表 1-3　小程序与 H5 的区别

产品形态	小程序	H5
运行环境	微信内	浏览器页面
功能	为用户提供服务	为用户提供服务
体验	接近原生 App，无须等待	页面需要加载，可能会产生延迟、卡顿等状况
成本	低	高
开发	基于微信自身的开发工具与语言，可随意调用微信支持的 API 接口，不用担心浏览器的兼容性，较稳定，不易出问题	需要考虑前端框架、接口调用、浏览器的兼容性等
入口	线下二维码、微信通讯录下拉列表、微信-发现、附件小程序、公众号关联等	链接
传播	传播便捷，易搜索查找	传播便捷，不易搜索查找
留存	可被添加到桌面、被标注为星标程序	只能以收藏链接的形式留存，无法直接关注

表 1-4 给出了小程序与原生 App、H5、服务号的区别。

表 1-4　小程序与原生 App、H5、服务号的区别

比较项	小程序	App	H5	服务号
定位	连接人与产品/服务，弥补服务号的不足	智能手机上的软件，完善原始系统的不足与个性化	信息展示	连接人与服务
运行环境	微信内部	iOS、Android 等系统平台	浏览器页面	微信内部
功能	可以使用比较多的硬件设备能力；用户资料可保存；不需要网络的功能可离线使用；能唤起其他小程序	可以使用各种硬件设备能力；用户资料可保存；不需要网络的功能可离线使用；能唤起其他 App	可以使用的硬件设备与能力较少；用户资料可保存，但是时间过短；离线网络不可使用	可以使用的硬件设备与能力较少；用户资料可保存，但是时间过短；离线网络不可使用

续表

比较项	小程序	App	H5	服务号
体验	显示和操作很流畅	显示和操作很流畅	显示和操作一般，每次运行需要重新加载	显示和操作一般，每次运行需要重新加载
开发成本	一个版本可兼容多个系统，用户在微信内使用即可，开发周期短，成本低	针对不同系统开发，开发周期长，成本高	兼容多个系统，用户在浏览器内使用即可，开发周期短，成本低	兼容多个系统，用户在微信内使用即可，开发周期短，成本低
入口	发现栏主入口、小程序自身入口、搜索相关入口等多个入口	应用市场、手机厂商、浏览器	链接	公众号搜索、文章链接、二维码名片等多个入口
留存	被添加到桌面、被设为星标	下载至手机，需要安装、注册、激活等步骤	无法直接关注留存	可关注留存

　　为了便于运营者更直观地了解以上各产品的区别，我们以"饿了么"各产品为例（见图 1-11），介绍 App、小程序、H5、服务号的区别。

| App | 小程序 | H5 | 服务号 |

图 1-11

　　从功能角度看，以上 4 个产品全部可以实现饿了么的核心功能，也就是满足用户的点外卖需求。其中服务号的功能最弱，点击"订餐"之后会跳转到小程序。这四者按功能的丰富度从高到低来排列，依次是 App、小程序、H5、服务号。用户通过饿了么 App 和饿了么小程序不仅可以实现点外卖功能，还可以使用金币商场、推荐频道等功能，而饿了么 H5 与饿了么服务号功能相对单一。

从体验角度看，饿了么 App 和饿了么小程序都比较流畅，操作简单。饿了么 H5 打开后需要一定的时间加载，速度较慢。饿了么服务号需要点击底部按钮跳转至对应小程序，操作较烦琐。

从获取便捷性角度看，用户首次使用饿了么 App 需要从应用市场下载，安装注册后方可使用。用户首次使用饿了么小程序，需要在微信中搜索"饿了么外卖服务"小程序，注册或登录后即可使用。用户首次使用饿了么 H5，需要使用浏览器搜索"饿了么"关键词或者直接输入"饿了么"域名，访问其官方网站，注册或登录后才可使用。这四者按获取便捷性角度从高到低来排列，依次是小程序、H5、服务号、App。

课堂讨论

　　如果中国移动的充值业务做成线上产品，你认为应该开发 App、服务号还是小程序？

// 1.5　小程序的注册步骤

注册小程序是小程序开发的第一个步骤。目前，小程序注册开放申请的主体类型为企业、政府、媒体、其他组织或个人的开发者，小程序、订阅号、服务号、企业号是并行的体系。

小程序的详细注册步骤可登录官方网站查询，主要为"注册小程序账号—完成企业微信认证—申请微信支付—开发并上架小程序—微信官方完成审核—发布成功"，如图 1-12 所示。

1. 注册小程序账号

用户自行注册小程序账号（小程序注册入口与微信公众平台注册入口为同一个页面），如图 1-13 所示。

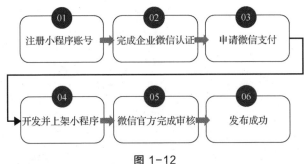

图 1-12

图 1-13

2. 完成企业微信认证

登录小程序后，点击"设置→基本设置"，找到"微信认证"一栏，点击右侧的"详情"按钮（见图 1-14），就能找到微信认证的入口。

3. 申请微信支付

可以申请微信支付权限（无法使用商家已有的公众号微信支付账户，需独立申请），已通过认证的小程序可申请微信支付功能。

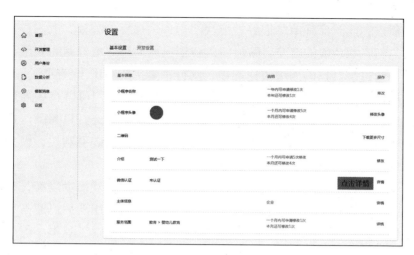

图 1-14

4. 开发并上架小程序

自行开发或通过第三方开发并上架小程序。

5. 微信官方完成审核

一般经过 1~3 个工作日，微信官方会完成对小程序的审核。

6. 发布成功

提交审核通过后，进入开发者管理界面，提交发布，小程序即可发布到线上为用户提供服务。

// 1.6 小程序的发展趋势与瓶颈

1. 小程序为企业带来爆发式增长

小程序的诞生，给许多企业带来了新的发展机会，加快其发展速度。例如，出行领域的摩拜单车、电商领域的拼多多等企业通过开发小程序，获得了高速发展。

摩拜单车提供的数据显示，2017 年摩拜在微信小程序上线后即成为小程序的首个爆款：两个月新增用户 2400 万户，用户增长 50%，其中通过小程序注册的用户与 App 相比增长 30 倍。出行是用户的刚需，用户以往的出行方式有乘坐公交、飞机、地铁、高铁、的士、自己开车等，但是用户离开交通工具以后多数情况下还至少需要步行数百米才能到达目的地，这成为用户的刚需痛点，此时摩拜单车很好地解决了用户"最后一公里"的出行需求。由于微信扫一扫功能的普及，微信扫码解锁已成为用户最普遍的使用习惯之一，用户通过手机扫码即可快速解锁、骑行，真正解决了出行问题。

使用摩拜单车 App 与小程序的主要区别在于新用户可以直接通过微信扫码开锁，而不需要再花费手机流量和时间等待下载 App，只需微信扫码即可解锁、骑行，通过微信的庞大使用用户量与扫码使用的便利性，极大地提升了用户增长量与新客户转化率。

阿拉丁指数排行榜显示，在 2018 年 1 月小程序游戏面世以前，排名位于前列的小程序为零售电商与工具、出行类目，小游戏出现后迅速占领了高位。从榜单趋势中可以看出用户使用娱乐、新零售电商、工具类小程序更为频繁，如图 1-15 所示。

2017年10—11月小程序排行版

2018年1月小程序排行版

图 1-15

拼多多是一款拼单类社交电商，用户可通过邀请朋友拼单获得更优惠的购买价格。据拼多多公布的用户数据显示，自 2017 年 5 月上线小程序至 2017 年 11 月积累过亿用户。拼多多运营者表示看中的正是 11.4 亿户的移动用户，而微信的月活跃用户则达 9.8 亿户。借助微信的庞大流量入口及社交分享的便利性，拼多多打通订阅号、服务号、小程序作为营销协同，抢占了小程序的趋势红利。

　　智能手机的普及与手机游戏的火爆使手机电池受到了较大的考验，电池电量不够用成为智能手机使用者的痛点。随身携带充电宝十分累赘，不携带充电宝则出现电量不足关机现象，这些场景催生了"小电充电""街电"等共享充电宝企业。

　　小电充电小程序满足了用户的低频刚性需求（见图 1-16）。据小电充电联合创始人表示，小电充电半年时间即累计 2500 万用户，日均订单超过 50 万单，而 95%的用户来自小程序。用户通过饭店、商场、医院等不同的场景扫描小电充电小程序即可借用充电宝。微信的庞大用户基数与小程序方便快捷用完即走的特点，为小电充电带来了突破性的用户增长与上亿元的市场空间。

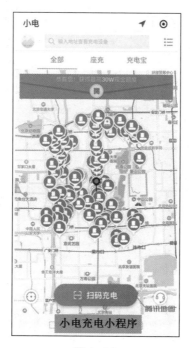

图 1-16

课堂讨论

你身边的亲朋好友一天中会使用哪些小程序？

2．小程序将融合线上线下

小程序的出现，迎合了用户懒惰和追求方便的共性，不需要注册和下载、用完即走、不占内存，并且通过一个简单的二维码就可以使线上和线下实现无缝连接。

移动互联网用户增速放缓，线上流量红利日渐式微，由于实体经济开始转型，商业模式不断推陈出新，线上线下融合是未来的趋势。在这样的趋势之下，传统的线下实体店经营者要在这波趋势中获得流量红利，就必须找到可连接线下场景的入口，小程序正符合这样的条件。

第一，小程序是线下商业入口。小程序作为连接线上和线下的媒介与桥梁，自带流量属性。线下门店的二维码、微信小程序中"附近的小程序"、小程序搜索栏是小程序最大的流量入口（见图 1-17）。例如，线下的典型场景是查找周边的餐厅、商超便利店和酒店等，以往用户都通过"大众点评"（本地的吃喝玩乐消费点评网站）来搜索附近的店铺，现在用户直接通过附近小程序即可找到附近的店铺。又如，以往用户进入一家餐厅需要等待服务员或者自行到前台点餐和支付账单，现在只要扫一扫桌面的二维码即可。

小程序点餐二维码

图 1-17

第二，小程序有良好的用户体验。以往大部分品牌及线下门店运营者使用过 App 类的应用软件工具，App 需要用户自行下载、安装，而小程序无须下载、安装，一键即可使用，如扫码打开小程序，即可实现购物和结算支付。小程序与微信支付的结合，节约了用户的时间，用户扫码购买以后自动跳转微信支付，无须再选择支付方式。同时，使用过的小程序可在小程序历史菜单中找到，相当方便，实现了良好的用户体验。

第三，小程序有更多的应用场景。随着新零售行业的出现，微信小程序在实体店的应用更为丰富。如将代驾小程序放在酒吧、餐厅的餐桌上，用户打开微信扫一扫即可直接预约代驾。在公交站边，用户扫一扫公交车小程序即可查询公交车信息并且实时了解公交车何时进站（见图 1-18）。用户通过大众点评小程序可以搜索到附近餐厅，完成预约、点餐、在线支付，省去排队等位、排队支付账单等麻烦。除以上使用场景外，用户还可以通过汽车保养小程序预约修车、通过美容小程序预约美容等。

图 1-18

第四，小程序提供多样化的营销手段。小程序除了有丰富的流量入口、良好的用户体验及丰富的使用场景外，还能为商家提供多样化的营销手段，如分销、拼团、秒杀、推送消息、推送优惠券、关联公众号、分享好友、分享微信群等，它们极大地解决了企业的营销难题及客户传播的问题，如图 1-19 所示。

课堂讨论

搜索"蘑菇街女装""女王的新装"，体验小程序电商的购物流程。

图 1-19

3. 小程序存在的发展瓶颈

小程序的发展趋势猛烈、发展机会和空间大有可为，但其发展依旧可能出现一些瓶颈，主要表现在以下 5 点。

第一，无法实现全功能完全替代 App。由于小程序的限制，小程序无法实现全功能。如"12306"App 可实现票务订购功能，而其小程序仅可实现查询等功能。"滴滴出行"App 可实现实时查看约车司机的地理动态和投诉等功能，小程序仅可实现较常用的约车及支付功能。"大众点评"App 可实现查看餐厅评价、查看视频等功能，而小程序提示用户要想查看更多评价，需要下载 App，如图 1-20 所示。

第二，无法跳出微信生态圈，存在潜在运营风险。由于小程序属于微信生态圈的一部分，小程序的营销传播局限于微信这个超级 App 内，小程序的开发、营销等需要遵循微信平台的规则，因而受到某些方面的限制。如最初小程序不能分享至朋友圈、入口隐秘、入口少等。由于移动互联网发展飞快、媒体更新换代、App 用户流失等危机的存在，企业与商家享受微信带来的红利，同时也受限于微信的发展与政策。

图 1-20

　　小程序只能在微信上被打开和使用，非常依赖微信平台。伴随红利期的消逝，目前微信公众号的打开率大幅下降已经是不争的事实。同样是去中心化分发的小程序，随着数量越来越多，甚至可能出现打开率下降的困境，后入局的小程序曝光难度越来越大，而且在微信平台之外也无法搜索小程序，这无疑增加了企业潜在的运营风险。

　　第三，去中心化分发，马太效应越发明显。由于微信官方采取去中心化的分发方式，官方不提供流量主动推荐平台内小程序，小程序十分依赖运营者的自主流量。长此以往，部分大账户会垄断平台大部分流量，最终强者越强，弱者越弱。类似于现在的微信公众号，微信粉丝大部分集中在几百个微信大号中，这些大号拥有几百万甚至上千万粉丝，几乎每条推送都能轻松获得"10W+"阅读量，但是绝大部分的公众号粉丝数超过十万人都非常困难，"10W+"阅读量只是普通公众号运营者的美好愿望。

　　第四，盲目开发，增加企业试错成本。小程序的火爆，无疑让互联网从业者看到了新的风口。虽然小程序开发标准清晰，表面上看起来降低了企业开发 App 的成本，但是很多企业本来不需要开发 App 即可维持正常的业务运转，他们只需要入驻成熟的 App 或使用现有技术即可，如餐饮行业大可使用一些现有的等位叫号软件，即可提高餐厅的服务效率，基本不需要单独开发专门的小程序，但是目前伴随着小程序的火热，很多企业担心错过风口，准备开发自有小程序，但由于小程序刚刚兴起，市场上短期内缺乏开发人才和开发经验，反而会增加企业的试错成本。

第五，小程序"小"的烦恼。在市场不确定的情况下，通过设计实验来快速检验产品或方向是否可行，被称为"最小化可行产品"（Minimum Viable Product，MVP）。小程序无疑很好地印证了"最小化可行产品"，企业通过小程序满足用户的核心需求。然而，伴随着技术的变革和经济的发展，用户会有更加复杂和多样化的需求，小程序是按照快速迭代的要求，逐步满足用户需求，被越做越"大"，发展成一个功能复杂的应用，还是继续保持用完即走的工具定位，忍受因满足不了用户需求导致的部分用户流失？这可能是一个深刻的悖论：如果要做大小程序，就违反了微信当初对小程序的定位，变成一个复杂系统；如果不做大，可能小程序无法满足用户日益变化的需求。

课堂讨论

对比使用公众号"Flowerplus"与小程序"花点时间"，从普通用户购买鲜花的角度谈谈二者的体验有什么区别。

02 Chapter

第 2 章
小程序营销优势

通过阅读本章内容，你将学到：

- 小程序的品牌呈现优势
- 小程序的功能替代优势
- 小程序的用户入口优势
- 小程序的成本结构优势
- 小程序直接影响的领域

对普通网民而言，小程序可以一键打开、无须安装，释放了手机的存储空间；但对企业新媒体运营者而言，除了解小程序本身外，必须重点关注小程序对营销的价值。

小程序的营销优势主要包括 4 个方面：首先是品牌呈现优势，即小程序可以替代企业官网，多维呈现企业品牌；其次是功能替代优势，即小程序可以实现 App 的大部分功能，提升企业的用户体验；再次是用户入口优势，即企业可以借助 11 个入口，引导用户使用小程序；最后是成本结构优势，即小程序开发成本低且维护成本可控，节约了成本。

// 2.1 小程序的品牌呈现优势

官网是企业品牌营销的主阵地，具有专用、权威、公开的性质，运营者可以通过官网来呈现品牌特点并发布相关资讯。因此，多数企业在互联网打造品牌时，第一步会选择"建官网"。

传统的网站以 PC 站为主，用户可以通过计算机浏览器访问企业网站；随着智能手机的普及，更多的用户开始利用移动端访问网站，企业官网也从"PC 站"过渡到"PC 站+移动站"的模式，如图 2-1 所示。

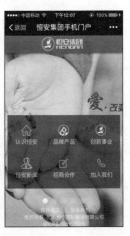

图 2-1

现阶段，"PC 站+移动站"的模式主要存在以下 3 个问题。

　　第一，加载时间长。部分网站由于服务器响应速度慢或页面图片过多，加载时间会变长。例如，在打开华为手机的官方网站时，需要等待一段时间才能完整地显示网页，如图 2-2 所示。不难发现，加载 2 秒后，网页还未被完全显示。

图 2-2

　　第二，适配性能差。移动端与 PC 端的屏幕尺寸差别较大，企业必须进行移动端的官网适配，否则在移动端打开网页的用户体验极差，如图 2-3 所示。

图 2-3

在尝试进行官网的移动端适配时，企业又会遇到新的问题——手机厂商不断尝试屏幕创新，导致移动端没有固定的适配尺寸。手机评测平台"安兔兔评测"在 2017 年 11 月发布的《手机用户购机偏好报告》显示，除了 6 种主流的手机屏幕尺寸外，超过 20%的用户选择了"其他"选项（见图 2-4），该选项内涵盖数十种屏幕尺寸。

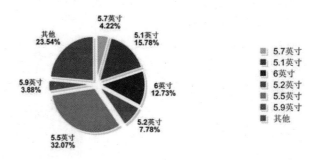

图 2-4

第三，二次访问少。用户访问企业官网后通常不会主动进行"收藏""保存"等，而是直接关闭页面。在用户关闭页面后，企业只能通过搜索引擎或自媒体平台邀请用户再次访问，这也导致企业官网的二次访问较少。

小程序的出现，恰好能解决以上 3 个问题。

第一，加载速度快。由于微信自定义了功能模块及各类按钮，企业通过调用微信提供的各类 API 开发小程序，使小程序基于微信官方服务器响应用户操作，因此加载速度极快，用户点击小程序后基本可以"秒开"。

第二，适配效果好。微信有专门的开发团队负责手机适配，几乎能满足市面上所有手机的适配问题。因此，企业只需要围绕微信平台开发对应的小程序，不必考虑适配问题。

第三，回访次数多。用户在微信顶部下拉菜单、小程序列表等模块，都可以看到近期打开过的小程序（见图 2-5）。与企业官网相比，用户回访小程序的可能性变大。

因此，企业新媒体运营者可以尝试用小程序替代官方网站进行品牌呈现，用小程序展示创业理念、企业文化、产品信息、企业资讯等品牌内容。

例如，万达集团的小程序"万达官网"已经完全实现官网的替代作用。虽然官网依然在运行，但官网的主要功能都已经在小程序上实现，如图 2-6 所示。

下拉菜单

小程序列表

图 2-5

图 2-6

在"新闻""视频""专题"三大模块中，用户可以直接浏览万达集团最新要闻、万达集团董事长最新视频和集团最新活动专题，如图 2-7 所示。

"专题"模块　　　　　　"视频"模块　　　　　　"新闻"模块

图 2-7

用户在"关于"模块可以直接查看万达四大产业、总资产等企业基本信息，如图 2-8 所示。

图 2-8

课堂
讨论

搜索中国化工集团的小程序"化工集团"，尝试分析其主要功能。

// 2.2 小程序的功能替代优势

企业新媒体运营者除用小程序替代官方网站进行品牌呈现外，也可以尝试用小程序替代 App，实现其五大基础功能替代，这些基础功能包括资讯功能、社交功能、消费功能、游戏功能及影视功能。

1. 替代 App 资讯功能

网民使用资讯类 App，主要是"看新闻""读美文""看故事"。这些行为完全可以在小程序实现。例如，在今日头条的小程序"今日头条"中，用户可以直接浏览本地要闻、社会热点、科技新闻（见图 2-9）等内容资讯。

| 本地要闻 | 社会热点 | 科技新闻 |

图 2-9

2. 替代 App 社交功能

社交功能即 App 内置的关注、聊天、留言、点赞、打赏等功能，目前小程序完全可以实现对 App 社交功能的替代。

例如，在小程序"汽车之家"中，用户可以在文章下方留言、回复他人的留言或者为其他人的留言点赞，进行基础的社交，如图 2-10 所示。

3. 替代 App 消费功能

消费类 App 可以分为两大类，一是电商 App，如京东 App、苏宁易购 App、当当 App 等；二是线下消费 App，如肯德基 App、麦当劳 App 等。这两大类 App 的主要功能都可以在小程序中实现。

图 2-10

例如，小程序"京东购物"，目前已经实现了原生 App 的主要购物功能，包括产品搜索、详情浏览、下单与支付等，如图 2-11 所示。

产品搜索   详情浏览   下单与支付

图 2-11

又如，小程序"肯德基+"完全实现了 App 的点餐、卡券、查看积分等功能，如图 2-12 所示。

肯德基小程序点餐　　　　肯德基小程序使用卡券　　　　肯德基小程序查看积分

图 2-12

课堂讨论

搜索小程序"i 麦当劳",分析其实现的功能。

4. 替代 App 游戏功能

2018 年 1 月 15 日,一年一度的"微信公开课"在广州开启。腾讯高级副总裁张小龙透露:"小游戏是小程序平台绝佳的试验场,希望吸引更多游戏开发商进来。"

现阶段,企业已经可以利用小程序实现其游戏功能。例如,游戏"保卫萝卜"已经开发其对应的小程序"保卫萝卜迅玩版",用户无须下载 App,可以直接在微信小程序中进行游戏,如图 2-13 所示。

图 2-13

5. 替代 App 影视功能

"看电影、看视频"是网民在互联网的基本需求之一，围绕影视需求诞生了各大视频网站及对应的 App，如爱奇艺 App、腾讯视频 App、搜狐视频 App 等。

目前，小程序已经可以实现主流 App 的影视功能。例如，在小程序"搜狐视频官方"，用户可以直接查看视频分类并打开相关视频，如图 2-14 所示。

 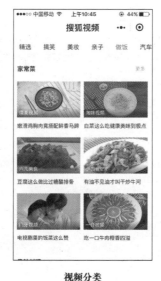 

小程序首页　　　　　　　　　　视频分类　　　　　　　　　　打开视频

图 2-14

需要强调的是，虽然小程序可以替代大部分 App，但是对大型企业，尤其是大型互联网公司，小程序还不足以替代其 App 功能。

一方面，小程序虽然能实现 App 的绝大多数功能，但毕竟其基于微信平台开发，部分功能依然不及原生 App。例如，斗鱼直播旗下的小程序"斗鱼直播"，仅能实现直播观看及视频回看等基本功能，而独立 App"斗鱼"还能实现发起直播、社群互动等更多功能，如图 2-15 所示。

另一方面，非腾讯系的 App 依然需要用户下载使用。例如，阿里巴巴旗下的"手机淘宝"软件，由于账号与微信不互通且主要支付工具为支付宝，用户依然需要进入"手机淘宝"App 进行商品浏览与下单支付。

"斗鱼直播"小程序的查看功能　　　　"斗鱼"App 的直播发起功能　　　　"斗鱼"App 的社群互动功能

图 2-15

课堂
讨论

除了"手机淘宝"外，还有哪些 App 不会被小程序替代？请列举 3 个。

// 2.3 小程序的用户入口优势

在新媒体领域，"入口"指的是用户进行某项网络动作的起始端。各大互联网公司都认为"布局入口就是布局上游""抢占入口就等于抢占用户"，因此尝试在不同的领域布局自己的入口。

例如，2012 年 8 月，360 公司在稳步拿下浏览器入口后推出综合搜索业务，仅用 10 余天就获得 10.22%搜索市场份额，成为"中国互联网第二大搜索引擎公司"；现阶段，阿里和腾讯投资共享单车，也是在布局线下出行场景的入口。

实际上，"入口之争"不仅发生在互联网公司之间，也发生在同款软件内部——同一款产品通常有不同的功能，某项功能的入口越多，用户使用的可能性就越大。

现阶段，基于微信且用于企业营销的两个重要产品"微信公众号"与"小程序"就拥有不同的入口，如表 2-1 所示。

表 2-1 "微信公众号"与"小程序"的入口对比

序号	入口对比	
	微信公众号	小程序
1	首页搜索	首页搜索
2	二维码	二维码
3	公众号文章	公众号文章
4	通讯录列表	小程序列表
5	名片推荐	小程序推荐
6	桌面图标	桌面图标
7	服务通知	服务通知
8	聊天界面	聊天界面
9	无	聊天小程序
10	无	小程序码
11	无	附近小程序

小程序的前 8 个入口与微信公众号相似，其他 3 个为特有入口。

1. 首页搜索

只要点击微信聊天首页上方的搜索框，在其中输入小程序或公众号名称，进行搜索并点击后就能直接进入小程序与微信公众号，如图 2-16 所示。

聊天界面搜索框　　　　　点击进入搜索框　　　　搜索结果中的公众号、小程序

图 2-16

2．二维码

在推广时，企业可以通过二维码引导用户进入小程序或微信公众号。

3．公众号文章

用户可以在文章顶部点击公众号名称，进入该公众号；也可以通过微信公众号文章打开小程序。

例如，微信公众号"一条"推送某文章时，在文章底部加入小程序，用户点击后直接进入小程序"一条生活馆"，如图 2-17 所示。

微信公众号文章顶部　　　　文章底部小程序　　　　点击进入小程序

图 2-17

4．小程序列表

用户可以点击"通讯录"进入微信公众号列表页，也可以通过"发现"→"小程序"进入小程序列表，查看近期使用过的小程序，如图 2-18 所示。

5．小程序推荐

与微信公众号的"名片推荐"类似，用户可以在微信聊天时直接发出小程序推荐，其他用户点击即可进入，如图 2-19 所示。

6．桌面图标

在安卓手机的桌面，用户可以为微信小程序或微信公众号建立单独的图标，随后点击图标即可进入小程序或微信公众号，如图 2-20 所示。

"通讯录"栏目下的公众号列表　　　　"发现"栏目下的小程序列表

图 2-18

图 2-19

7. 服务通知

用户可以在微信的"服务通知"栏目进入微信公众号或小程序。

微信公众号的桌面图标　　　　　小程序的桌面图标

图 2-20

其中，进入微信公众号主要通过文章的留言入选及作者回复（见图 2-21），运营者无法主动发起邀请；而进入小程序主要通过小程序的服务通知与提醒，运营者可以尝试主动发起，如图 2-22 所示。

公众号文章留言入选通知　　　　点击进入公众号文章

图 2-21

| 小程序的服务通知 | 点击进入小程序 |

图 2-22

8．聊天界面

微信公众号中，订阅号被折叠至"订阅号"，而服务号与用户会话处于同一界面，有新的用户会话时，服务号会随消息下降。但小程序的位置比微信公众号更高，相当于微信聊天的"置顶"功能，用户将聊天界面下拉即可直接看到最近用过的小程序，如图 2-23 所示。

图 2-23

9. 聊天小程序

在微信聊天过程中用过某小程序后，用户可以在"聊天小程序"中发现该小程序，如图 2-24 所示。

一对一聊天的"聊天小程序"

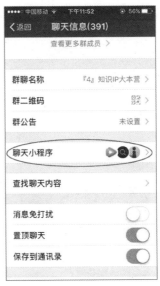
群聊的"聊天小程序"

图 2-24

10. 小程序码

除了二维码外，小程序也可以生成单独的"小程序码"，容错率更高、识别性更强，便于用户以图片形式传播，如图 2-25 所示。

"小程序示例"的小程序码

图 2-25

11．附近小程序

用户可以在小程序列表页顶部点击"附近的小程序"，查看附近商家提供的小程序，如图 2-26 所示。

小程序列表页　　　　　　　　　附近的小程序

图 2-26

由此可见，作为企业微信营销的主要工具之一，小程序具有更明显的入口优势。一方面，小程序入口更多，除了与微信公众号相近的入口外，还有"聊天小程序""小程序码""附近小程序"3 个入口。另一方面，在小程序与公众号相近的 8 个入口，细节也比公众号更有优势。例如，同样在聊天界面，用户需要进入订阅号寻找相关账号，或者在消息列表中查看服务号内容，但用户直接将聊天界面下拉即可看到小程序。

课堂讨论

小程序的 11 个入口中，你最常用的是哪几个？

// 2.4 小程序的成本结构优势

企业新媒体营销必须关注利润，力争在提升销量的同时想方设法控制成本。新媒体营销的成本主要有 4 个部分，如图 2-27 所示。

图 2-27

- 固定成本：成本总额在一定时期和一定业务量范围内，不受业务量增减变动影响而能保持不变的成本。微信小程序除了开发成本外，也有一定的部署成本，包括物理硬件成本、流量部署及开通论证审核部署等。
- 人员成本：互联网产品开发与运营过程都需要配置专门的人员。即使企业将产品开发外包给第三方公司，在产品开发过程中依然需要公司相关人员参与项目沟通，且在产品开发完成后由公司内部人员负责产品推广、运营等后期工作。
- 时间成本：产品生命周期内涉及的所有时间，包括产品验证时间、产品开发周期、产品测试时间、产品推广周期等。
- 机会成本：为了得到某种东西而所要放弃另一些东西的最大价值，例如某企业放弃效果不佳的邮件营销并尝试更有效的微博营销、微信营销等新媒体营销手段，此时的机会成本可以理解为邮件营销创造的营销价值。

微信小程序的出现，能够有效降低企业新媒体营销的综合成本。

1. 固定成本低，中小企业可以接受

小程序的固定成本主要包括认证、域名、服务器 3 个方面。

认证方面：除政府、部分组织（基金会、外国政府机构驻华办事处）可免费申请外，其他类型申请微信认证均需支付 300 元/次的审核服务费用。

域名方面：注册价格仅百元左右，如图 2-28 所示。

服务器方面：腾讯云提供的基础配置约 720 元/年，如图 2-29 所示。

图 2-28

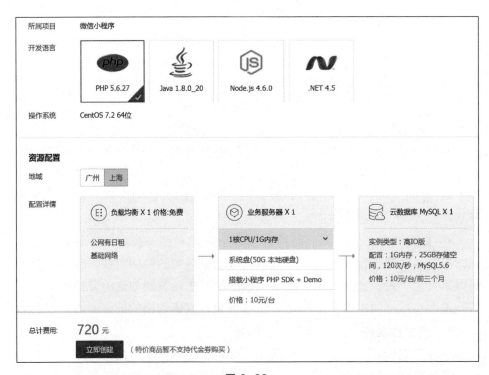

图 2-29

因此，小程序的固定成本完全在中小企业或初创团队的可接受范围内。

2. 开发团队人数可控

与开发 App 不同，小程序无须进行安卓及 iOS 平台多版本的开发，不需要配备多位软件工程师，甚至仅需 1 个工程师加 1 个设计师即可，人力成本大大减少。

3. 开发周期短，用户获取难度低

小程序的开发完全基于微信平台，简单的展示型小程序仅需开发者进行"拖曳"即可完成，因此开发周期较短，不少开发团队甚至花 2～5 天就能用小程序实现其 App 功能，而开发 App 却需要 1 个月甚至更长时间。

除了缩短开发周期外，小程序的用户拉新周期也更短。

运营团队在进行 App 用户获取时，往往需要引导用户"进入软件市场"→"搜索软件"→"安装软件"→"注册用户"，如图 2-30 所示。

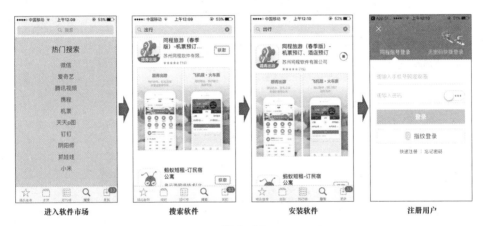

图 2-30

App 拉新的每个步骤都有可能流失用户，而小程序的用户入口有 11 个，而且无须下载，拉新周期大大缩短。

4. 与公众号、App、官网同时运营，不增加机会成本

小程序虽然可以替代官网和 App，且比微信公众号的入口更多，但运营小程序和运营其他产品的关系并非"二选一"，企业可以同时运营小程序和其他产品，使其相互补充。

例如，虎嗅的小程序就是在 App、微信公众号等产品运营的同时进行运营的。

首先，微信公众号发布新的文章后，直接同步更新到小程序，如图 2-31 所示。

其次，作为以科技资讯为主打的内容平台，虎嗅的小程序与 App 的资讯

呈现方式相近，将选择权交给用户，如图 2-32 所示。

"虎嗅网"微信公众号文章

"虎嗅精选"小程序同步更新

图 2-31

App的资讯呈现

小程序的资讯呈现

图 2-32

最后，小程序内所售商品可被做成按钮直接插入微信公众号文章内，而且允许用户通过点击按钮进入小程序店铺，提高内容转化率，如图 2-33 所示。

微信公众号文章

微信公众号文末的小程序按钮

图 2-33

因此，小程序具有更低的成本优势，可以为企业节省更多不必要的开销。

// 2.5　小程序直接影响的领域

由于小程序具有品牌呈现优势、功能替代优势、用户入口优势以及成本结构优势，其会对各行业的新媒体营销产生影响。

不过，由于小程序本身在持续优化，现阶段不会对所有行业形成影响。预计如下五大领域将受到小程序最直接的影响。

1．电子商务领域：更直接的内容转化

随着微信公众号、今日头条、大鱼号等内容平台的兴起，网民在浏览内容时，其消费行为也逐渐发生了变化——过去只在有购物需求时才登录淘宝、京东等电商平台；而现在即使没有任何购物需求，也有可能在看过某篇文章后，点击购买文章中推荐的商品。

用户消费行为变化带来的是电子商务玩法的变化。以往"投广告、买流量"的电商运营玩法逐渐变为"做内容，求转化"的内容电商方式。

由于小程序可以以按钮的形式直接插入公众号文章，而且打开速度快、支付更便捷，因此可以配合微信公众号完成更好的内容转化。

例如，2017 年 12 月 19 日，"黎贝卡的异想世界"正式在其公众号推出同名品牌，并在小程序"黎贝卡 Official"开卖。用户进入当日推送文章并浏览全文后，在文末可以点击小程序，如图 2-34 所示。

"黎贝卡的异想世界"的文章　　　　　文末的小程序

图 2-34

随后，用户可以在小程序内实现"店铺浏览""商品选购""商品下单""订单支付"等一系列操作，如图 2-35 所示。

店铺浏览　　　　　商品选购　　　　　商品下单　　　　　订单支付

图 2-35

由于小程序与微信公众号文章无缝衔接，而且一键打开、支付方便，因此"黎贝卡的异想世界"同名品牌一经推出，便实现了"9 个单品在两分钟内卖出了 1000 件""7 分钟交易额突破 100 万元"的销售成绩。

2. 生活服务领域：更快捷的业务触达

生活服务领域指的是线下的保洁、美容、租房、配送等本地生活服务。这类服务的典型特点是低频——频率较高的保洁也仅每周一次，而用户租房的频率更是以年计算。

低频将直接导致用户获取难度加大——生活服务类 App 占用数十兆甚至上百兆手机容量（见图 2-36），用户大多不愿意专门为某低频应用特意下载 App。

赶集App　　　　　　　58同城App　　　　　　百姓网App

图 2-36

小程序很好地解决了这一问题。一方面，小程序一键打开，用完就走，用户毫无压力；另一方面，小程序可以实现生活服务类 App 的大多数功能，与 App 无异。

例如，当用户有二手车购买需求时，赶集网 App 或赶集网小程序均可满足这个需求，如图 2-37 所示。

又如，当用户有家政类服务需求时，赶集网 App 或赶集网小程序均有功能相仿的模块满足这个需求，如图 2-38 所示。

赶集网App"二手车"栏目　　　赶集网小程序"二手车"栏目

图 2-37

赶集网App"生活家政"模块　　　赶集网小程序"生活家政"模块

图 2-38

3. 应用商店领域：全新的移动应用市场

"应用商店"也被称为"应用市场""应用平台"，开发者可以发布其应用产品及其迭代后的版本，用户则可以在应用商店进行应用下载、升级。

现阶段应用商店主要包括苹果公司的 App Store、谷歌公司的 Android

market、微软公司的 Microsoft 应用商店、腾讯公司的应用宝、小米公司的小米应用商店等。

各大应用商店都有百万级甚至上亿级的用户，放弃任何一个应用商店都意味着放弃一块大的用户市场。因此，对软件公司或游戏公司，"多平台布局"是其必备战略。

例如，图片处理软件美图秀秀，在 App Store、应用宝、魅族应用商店等应用商店均可以下载或升级，如图 2-39 所示。

App Store的"美图秀秀"　　　应用宝的"美图秀秀"　　　魅族应用商店的"美图秀秀"

图 2-39

虽然微信小程序不是传统意义上的"应用"，不需要用户下载或升级，但其已能实现大部分应用的功能，而且拥有很强的社交属性，软件公司或游戏公司需要尝试将其作为"多平台布局"战略的一环。

各大成熟的应用商店都有大量同质化严重的软件或游戏，相互竞争激烈；而小程序在 2017 年 1 月推出，属于较新的应用市场，竞争压力相对较小。

课堂讨论

在小程序中搜索"PPT"，数一数有几款相关小程序。

4. 外包开发领域：需求大且交付快的创业方向

截至 2018 年 1 月，小程序总用户数达到 1.7 亿户，越来越多的企业开始重视小程序。继官方网站、官方微博、官方微信后，官方小程序将成为企业必备的官方新媒体渠道。

不过，大多数传统企业尤其是传统中小企业并没有开发团队，其开发工作需要委托第三方公司。从百度指数也不难看出，自 2017 年 1 月以来，"小程序开发"的搜索热度整体上处于上升趋势，如图 2-40 所示。

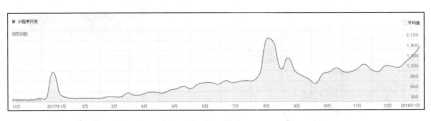

图 2-40

需求决定市场。在小程序开发需求逐渐上升的趋势下，创业者可以尝试为企业提供小程序开发服务。

由于小程序开发完全基于微信平台，特别是企业品牌展示型小程序，仅需开发者进行"拖曳"即可完成，因此开发周期大大缩短，甚至用开发 App 十分之一的时间就能完成小程序的开发。

> **课堂讨论**
>
> 在百度搜索"微企点"自助建站平台，并思考这类自助建站形式的平台能否被移植到小程序。

5. 线下餐饮领域：更效率的服务能力

餐饮门店通常有较稳定的线下客流量，因此主要可以借助小程序提升其服务能力。

（1）自助点餐，提升点餐效率

餐饮门店通常需要专门的人员负责记录顾客所点的食物；借助小程序，顾客可以直接勾选菜品，不需要点餐人员的帮助。

例如，在煎饼品牌"黄太吉"的小程序"黄太吉凯德店"中，消费者点击"点餐"后，既可以查看菜品详情，又可以直接下单，如图 2-41 所示。

查看菜品详情　　　　　　　　直接下单

图 2-41

（2）活动呈现，增加活动曝光量

餐饮门店通常会定期组织满减、赠菜等活动，但如果仅打印海报或条幅，很难吸引顾客关注。因此，门店可以借助小程序及时曝光活动，提升参与人数。

例如，在汉堡王的小程序"汉堡王自助点餐"中，用户用手机点餐前首先看到的是"冰火熔岩蛋糕，口口流心"的活动广告，广告面积占屏幕一半以上，极大地增加了活动的曝光量，如图 2-42 所示。

图 2-42

（3）会员管理，增加服务温度

传统的餐饮会员管理仅限于会员卡管理，用户可以用会员卡充值并消费。借助小程序，餐厅可以尝试引入积分，并对不同积分的会员予以不同的回馈。

例如，在麦当劳的小程序"i 麦当劳"中，用户可以查询会员积分，并在会员商城进行积分兑换，如图 2-43 所示。

会员积分查询　　　　　　　积分商城列表　　　　　　　积分兑换

图 2-43

（4）增加外卖，扩大服务半径

餐饮门店可以在小程序中实现外卖功能，将服务范围从店内延伸至店外，进一步扩大门店的服务范围。

例如，用户在"三石寿司"小程序中，可以勾选所需寿司，随后输入送货地址并选择配送时间，该寿司店会按照要求的地址、时间送达，如图 2-44 所示。

课堂讨论

　　　在小程序中搜索"呷哺呷哺"，尝试分析该小程序帮助餐厅提升了哪些效率。

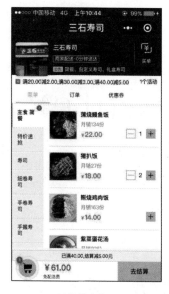

选择外卖寿司　　　　　　输入送货地址与选择配送时间

图 2-44

现阶段，小程序会对以上五大领域带来最直接的影响。不过可以肯定的是，随着小程序的发展，未来其影响的领域将持续延伸，对教育、金融、体育、医药等更多行业产生影响。

03 Chapter

第 3 章
小程序后台操作

通过阅读本章内容，你将学到：

- 小程序的后台功能模块
- 小程序的基础设置
- 小程序的功能配置
- 小程序的推广设置

// 3.1 小程序的后台功能模块

小程序与微信服务号、订阅号的后台管理入口相同，运营者只要进入微信公众平台（https://mp.weixin.qq.com），随后输入账号、密码并单击"登录"按钮（见图 3-1），就能进行后台管理了。

图 3-1

小程序后台包括"开发管理""用户身份""数据分析"等 11 个功能模块，如表 3-1 所示。

表 3-1　小程序后台的功能模块

序号	功能模块	功能简述
1	开发管理	小程序版本查看与操作
2	用户身份	设置风险操作保护、风险操作提醒等
3	数据分析	每日例行统计的标准分析及满足用户个性化需求的自定义分析
4	模板消息	添加购买成功通知、订单发货提醒等消息模板
5	客服消息	客服人员添加
6	附近的小程序	基于位置进行小程序展示的设置
7	运维中心	小程序日志查询、性能监控及告警设置

续表

序号	功能模块	功能简述
8	微信支付	提交支付申请或查看 M-A 授权
9	支付设置	支付后关注的相关设置
10	推广	关键词管理及关键词数据查看
11	设置	基本设置、开发设置、第三方授权管理、接口设置及开发者工具

由于小程序的开发主要由开发团队负责，运营者的主要精力在前期策划及后期运营推广，因此运营者熟练掌握四大类别的操作即可，包括基础设置、功能配置、推广设置及后台监测。

• 基础设置：运营者需要熟悉小程序的头像修改、介绍修改、邮箱及密码修改、关联公众号等操作。

• 功能配置：运营者需要简单了解开发管理、模板消息、客服消息等功能，与开发团队共同做好相关配置。

• 推广设置：运营者需要结合小程序自带的、与推广相关的功能，进行地点管理、支付关注设置、自定义关键词设置等操作。

• 后台监测：运营者需要熟练掌握小程序的数据分析，监测后台数据并定期进行用户分析、访问分析、来源分析、漏斗分析等处理。

本章接下来将针对上述基础设置、功能配置、推广设置展开具体讲解，第 6 章将讲解后台监测。

课堂讨论

有人说"运营者也需要略懂代码，以便与开发者更好地协作"，你认可吗？为什么？

// 3.2 小程序的基础设置

"基础设置"指的是小程序的基本信息设置、开发设置、第三方授权管理和成员管理，运营者需要熟练掌握。

1. 基本信息设置

小程序的基本信息包括名称、头像、介绍、服务类目、登录邮箱、登录密码等。运营者可以在后台单击左侧的"设置"按钮，在"基本设置"下找到相关项目，随后进行修改，如图3-2所示。

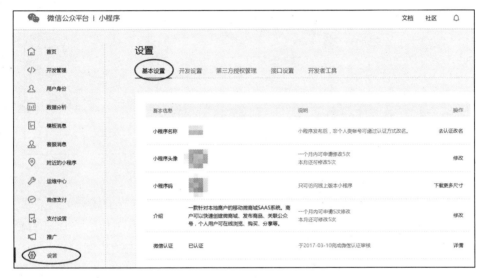

图 3-2

小程序对各项基本信息的修改次数做了明确的规定，运营者需要修改信息时，必须在限定的次数内修改完毕。基本信息修改次数的规定如表3-2所示。

表 3-2　基本信息修改次数的规定

项目	修改规定
小程序头像	1个月内可申请修改5次
介绍	1个月内可申请修改5次
服务类目	1个月内可申请修改3次
登录邮箱	1个月内可申请修改1次
微信认证	每年修改1次

在小程序的基本信息设置页面下，运营者可以查看所关联的公众号。单击"关联的公众号"右侧的"取消关联"按钮（见图3-3）后，运营者可以取消小程序与某公众号的关联。

图 3-3

　　需要注意的是，在小程序管理后台，运营者只可以进行上述"取消关联"的操作。如果运营者打算将小程序与某公众号关联，需要在微信公众号后台单击"小程序管理"按钮，随后单击"关联小程序"按钮（见图 3-4）进行小程序关联。

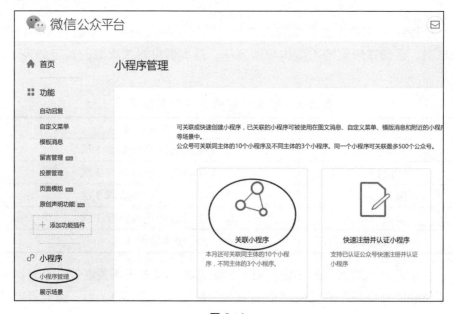

图 3-4

实战
训练

进入你的微信公众号后台，进行小程序与公众号的关联操作。

2．开发设置

小程序的开发设置包括开发者 ID、服务器域名、业务域名、消息推送、普通链接二维码等信息的设置。运营者可以单击管理后台左侧的"设置"按钮，然后单击"开发设置"按钮（见图 3-5）并进行相关设置与修改。

图 3-5

3．第三方授权管理

2017 年 4 月，微信团队发布公告，第三方平台新增小程序授权托管。运营者可以单击后台的"设置"按钮，随后单击"第三方授权管理"按钮（见图 3-6），查看与管理第三方授权情况。

不过，运营者对此项管理可以视情况而定。如果小程序的开发完全由企业 IT 部门或外包开发团队完成、运营者自主运营，此项管理可以忽略；但如果小程序由第三方平台搭建或提供部分功能，运营者需要在此模块进行相关管理设置。

图 3-6

4. 成员管理

运营者可以在小程序管理后台统一管理项目成员（包括开发者、体验者及其他成员）并设置项目成员的权限。

当需要进行成员管理时，运营者可以单击后台左侧的"用户身份"按钮（见图 3-7），添加小程序项目成员并配置成员的权限。

图 3-7

　　处于小程序管理员角色的运营者可以对项目其他成员的权限进行编辑，防止部分成员由于业务不熟练而误操作。部分成员权限的说明如表 3-3 所示。

表 3-3　部分成员权限的说明

序号	权限	说明
1	开发者权限	可使用小程序开发者工具及开发版小程序进行开发
2	体验者权限	可使用体验版小程序
3	登录	可登录小程序管理后台，无须管理员确认
4	数据分析	可使用小程序数据分析功能查看小程序数据
5	开发管理	小程序提交审核、发布、回退
6	开发设置	设置小程序服务器域名、消息推送及扫描普通链接二维码打开小程序
7	暂停服务设置	暂停小程序线上服务

　　如果小程序需要更换账号管理员，运营者可以单击管理员头像后边的"修改"按钮，输入管理员身份证并扫码验证身份，随后绑定新的管理员，如图 3-8 所示。

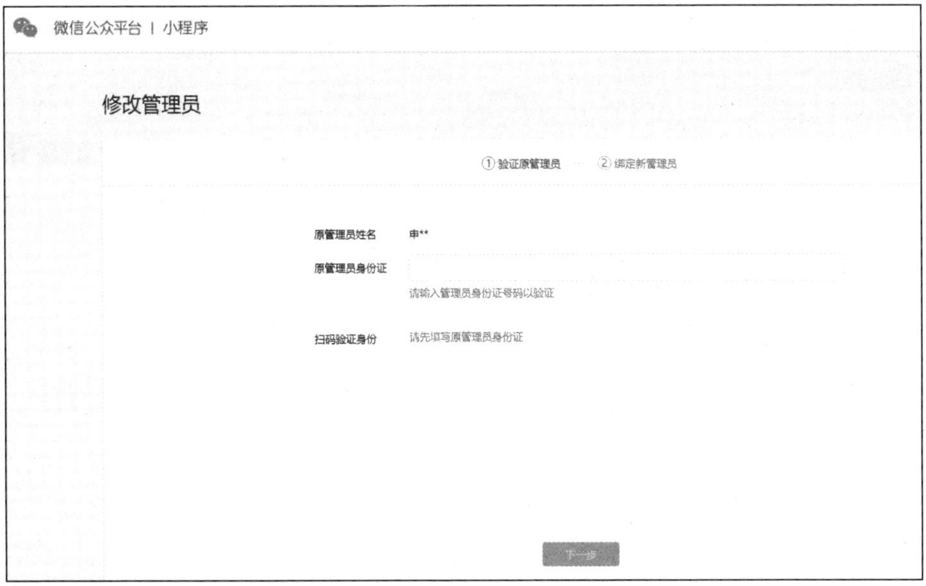

图 3-8

实战训练

进入你的小程序管理后台，添加项目成员并设置成员角色。

// 3.3 小程序的功能配置

"功能配置"指的是小程序的开发管理、模板消息和客服消息设置。功能配置主要由小程序的开发团队负责，运营者了解即可，以便与开发团队共同做好相关配置。

1. 开发管理

在"开发管理"模块，运营者可以完成小程序的版本查看、提交审核、暂停、回退等操作。单击小程序后台左侧的"开发管理"按钮（见图 3-9）即可进入该模块。

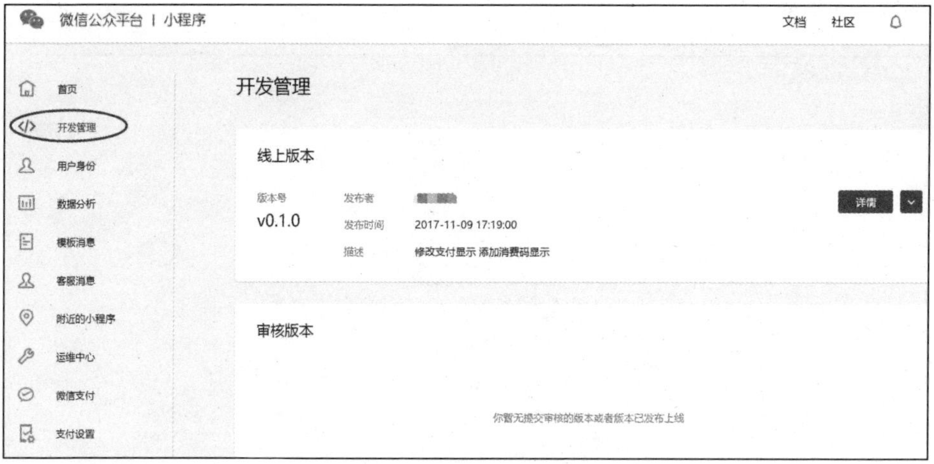

微信公众平台｜小程序		文档　社区　🔔
🏠 首页	**开发管理**	
</> 开发管理	线上版本	
🧑 用户身份	版本号　发布者　▇▇▇	
📊 数据分析	**v0.1.0**　发布时间　2017-11-09 17:19:00	详情 ⌄
📋 模板消息	摘述　修改支付显示 添加消费码显示	
🧑 客服消息		
📍 附近的小程序	审核版本	
🔧 运维中心		
⊘ 微信支付		
✅ 支付设置	你暂无提交审核的版本或者版本已发布上线	

图 3-9

进入"开发管理"模块后，运营者可以查看"线上版本""审核版本""开发版本"的当前情况。同时，运营者可以单击不同版本后的按钮，进行该版本的相关操作。

（1）开发版本

运营者可以使用开发者工具，将代码上传到开发版本中，目前开发版本只保留最新的一份上传的代码。单击"提交审核"按钮（见图 3-10），可将代码提交审核。

图 3-10

此外，运营者也可以单击"开发版本"右侧的 ∨ 按钮，进行开发版本的"取消体验""修改页面路径""删除"（见图 3-11）操作。这些操作不影响线上版本和审核中版本的代码。

图 3-11

（2）审核中版本

"审核中版本"属于过渡版本，每个时间只能有一份代码处于审核中，审核通过后，该版本即可出现在"线上版本"。

同时，运营者也可直接重新提交审核，覆盖原审核版本。

（3）线上版本

"线上版本"指的是线上所有用户使用的代码版本，该版本代码在新版本代码发布后被覆盖更新。

运营者可以单击"线上版本"右侧的"详情"按钮，在弹出的页面中查看版本号、开发者、发布时间、描述、服务类目信息等具体信息，如图 3-12 所示。

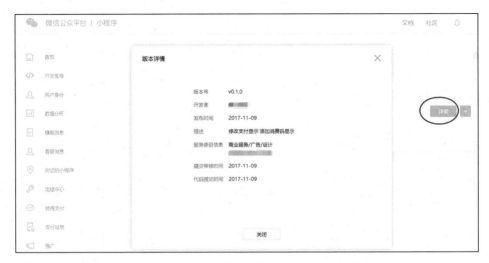

图 3-12

运营者也可以单击"线上版本"右侧的 ⌄ 按钮，进行线上版本的"版本回退"或"暂停服务"（见图 3-13）操作。

图 3-13

2. 模板消息

运营者可以在小程序管理后台单击左侧的"模板消息"按钮（见图 3-14），添加购买成功通知、订单发货提醒等消息模板。

需要添加模板消息时，运营者可以单击"我的模板"下的"添加"按钮进入模板库，并单击相关模板后的"选用"按钮（见图 3-15）。

随后，运营者可以勾选关键词，进行模板消息的具体配置（见图 3-16），并在配置完成后单击下方的"提交"按钮。

图 3-14

图 3-15

模板消息

你可为该类型的模板搭配不同的关键词内容使用，根据提交后关键词种类和顺序等不能修改

购买成功通知
2018年02月

购买地点　TIT创意厂

查看详情　　　　　　　>

配置关键词　　　　　　　　　　　　　找不到合适的关键词？点击申请

请输入关键词过滤

☑ 购买地点
☐ 购买时间
☐ 物品名称
☐ 交易单号

已选中的关键词　拖拽可调整顺序

☑ 购买地点　　　　　　　　　　　≡

提交

图 3-16

现阶段，小程序管理后台的模板库有超过 1000 种模板，运营者可以在模板库搜索待添加的模板关键词，快速得到相关的消息模板，如图 3-17 所示。

模板消息

我的模板　　**模板库**

预定

ID	标题	常见关键词	使用人数	操作
AT0080	预定成功通知	卡座座号、预定时间、保留时间、预计使用、预...	702	选用
AT0224	预定撤销通知	预定房源、撤销时间、撤销原因、订单号、预定...	24	选用
AT0791	预定通知	线路名称、出发时间、酒店名称、入住时间、离...	10	选用

图 3-17

3. 客服消息

客服消息功能正常使用的前提是已经启用"消息推送"功能，因此客服消息功能配置包括两部分，即启用消息推送、管理客服人员。

（1）启用消息推送

运营者可以在小程序管理后台单击"设置"按钮，然后单击"开发设置"，找到"消息推送"一栏并单击"启用"按钮（见图 3-18）。

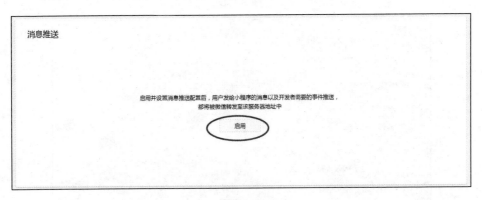

图 3-18

随后，运营者可以用手机扫描二维码进行验证，并在扫描二维码的手机上点击"开启"按钮（见图 3-19），启用消息推送功能。

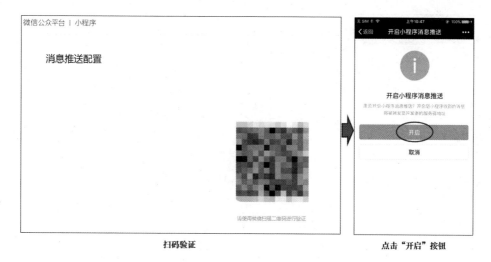

扫码验证　　　　　　　　　　　　**点击"开启"按钮**

图 3-19

（2）管理客服人员

运营者可以在小程序管理后台单击左侧的"客服消息"按钮（见图 3-20），
进行客服人员管理。

图 3-20

当运营者需要新增客服人员时，可以单击右侧的"添加"按钮，随后输
入客服人员的微信号（见图 3-21），单击"确定"按钮并完成绑定。

当运营者需要删除客服人员时，可以单击该客服头像后的"解绑"按钮
（见图 3-22）解除绑定，如图 3-22 所示。

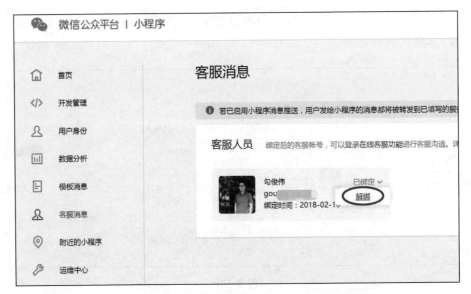

图 3-21

图 3-22

参照以上内容，进入你的小程序管理后台并添加客服人员。

// 3.4 小程序的推广设置

"推广设置"指的是小程序自带的、与推广相关的功能。运营者可以充分借助小程序自带的功能，进行地点管理、支付关注设置、自定义关键词设置等操作，为小程序的推广工作打好基础。

1. 附近的小程序

运营者可以在小程序后台添加地点。成功添加后，小程序可在微信小程序入口内的"附近的小程序"中出现，如图 3-23 所示。

点击"附近的小程序"　　　　查看"附近的小程序"

图 3-23

需要添加地点时，运营者可以在小程序管理后台单击左侧的"附近的小程序"，并单击"地点管理"右侧的"添加"按钮，如图 3-24 所示。

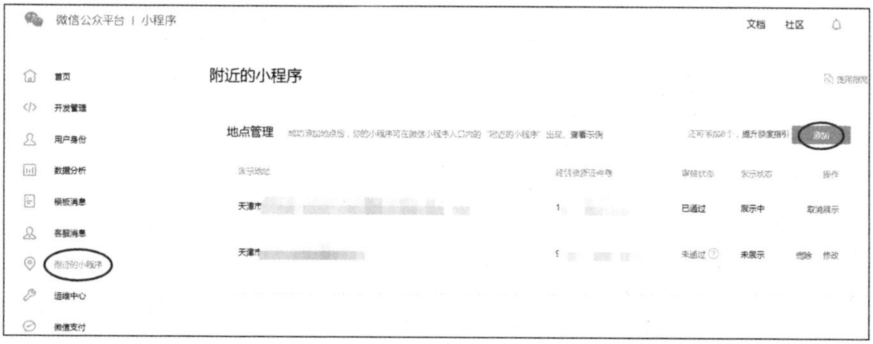

图 3-24

随后，运营者可以选择经营资质主体、填写经营资质证件号并填写经营资质地址（见图 3-25），最后单击"提交"按钮。

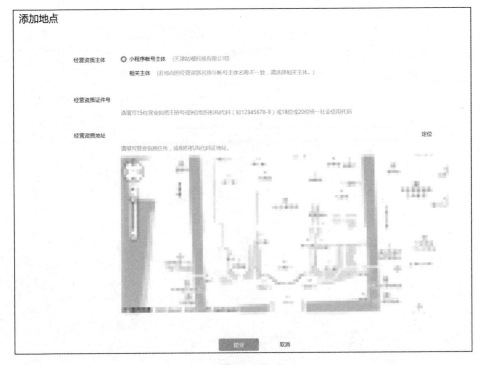

图 3-25

一个小程序账号默认可添加 10 个地点。如出现已达到上限的提示，运营者可以根据页面提示单击下载《调高地点额度申请表》并申请调高额度。

为了证明提交地点的经营主体跟小程序账号主体相关，运营者还需要提供地点的经营资质信息和主体相关证明材料，以便微信团队更快地审核。常见的主体类型及可提交的证明材料如表 3-4 所示。

表 3-4 常见的主体类型及可提交的证明材料

序号	相关主体类型	功能简述
1	母子公司	可证明母子公司的证明材料
2	总公司和分支机构	可证明总公司和分支机构的证明材料
3	同一国资委属下企事业单位	可证明同属关系的证明材料
4	参股投资的公司	可证明股权关系的证明材料

续表

序号	相关主体类型	功能简述
5	加盟关系	加盟协议
6	特许经营关系	特许经营协议
7	商业标识（商标）授权关系	商业标识（商标）授权协议

实战训练

进入你的小程序管理后台并添加地点。

2. 支付设置

在"支付设置"模块，运营者可以完成小程序"支付后关注"的设置。单击小程序后台左侧的"支付设置"按钮即可进入该模块，随后单击"设置"按钮（见图 3-26）开始配置。

图 3-26

在单击"设置"按钮后，页面将跳转到商户平台，用户可以在"营销中心"模块单击"支付后设置"按钮进行细节配置。

由于"支付后关注"只支持开通微信支付功能的运营者，如果运营者尚未开通微信支付，则需要在小程序后台单击"微信支付"按钮（见图 3-27），进行支付申请。

图 3-27

3. 推广设置

小程序后台最多可配置 10 个与业务相关的关键词，关键词在被审核通过后，会和小程序的服务质量、用户使用情况等因素共同影响搜索结果。

运营者可以单击小程序后台左侧的"推广"按钮（见图 3-28），进行关键词管理。

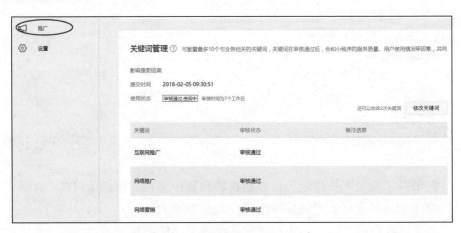

图 3-28

需要增加或删除关键词时，运营者可以单击"管理关键词"栏目内的"修改关键词"按钮，在弹出的页面（见图 3-29）中进行关键词增加或删除的操作。

图 3-29

进入你的小程序管理后台，添加小程序的关键词。

由于微信小程序目前依然处于快速发展期，新功能和新规则会不定期出现。因此，除学习以上后台操作外，运营者还需要关注通知中心、系统公告及小程序文档。

首先，运营者可以单击顶部右侧的铃铛形状（见图 3-30），进入"通知中心"并查看最新通知。

图 3-30

其次，运营者可以单击首页下方的"系统公告"按钮，查看平台发出的重要公告，如图 3-31 所示。

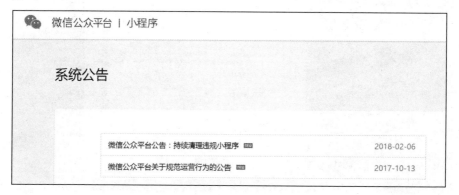

图 3-31

最后，运营者可以单击小程序顶部的"文档"按钮，查看小程序文档，学习更详细的小程序规则与操作，如图 3-32 所示。

图 3-32

实战训练

进入小程序文档，单击"介绍"下的"客服功能使用指南"按钮，总结细节操作。

04 Chapter

第 4 章
小程序策划

通过阅读本章内容，你将学到：
- 小程序的运营逻辑
- 小程序运营的需求场景
- 小程序的差异化设计
- 小程序的细节策划

// 4.1 小程序的运营逻辑

"运营逻辑"指的是运营工作中需要把握的思维规律，是运营工作的核心。新媒体运营的细节工作包括产品开发、活动推广、用户反馈、内容设计等数十项。如果没有清晰的运营逻辑，很容易出现"做了很多工作，但没有任何效果"的情况。

互联网产品的运营逻辑各不相同。例如，传统企业官网的运营逻辑是"流量为王"，核心工作是提升网站流量；内容类产品的运营逻辑是"内容为王"，核心工作是创作优质的图文或视频，等等。

常见互联网产品的运营逻辑如表 4-1 所示。

表 4-1 常见互联网产品的运营逻辑

运营逻辑	核心工作	产品举例
流量为王	提升流量，增加人气	企业官网、淘宝店等
内容为王	创作优质的图文或视频	今日头条、简书、喜马拉雅 FM 等
用户为王	设计用户体系、提升活跃度	知识星球、"知识 IP 大本营"社群等
产品为王	策划优质的产品，引发用户传播	滴滴出行、百度地图、有道云笔记等

小程序的运营逻辑是"产品为王"，运营者的工作重点是进行有效的产品策划。

1. 聚焦产品本身，符合官方理念

微信官方对小程序的设计理念表述为："微信团队一直致力于将微信打造成一个强大的、全方位的服务工具。在此基础上，我们推出了微信小程序这个产品，提供给微信小程序的开发者在微信内搭建和实现特定服务、功能的平台。"

同时，微信官方对小程序开发者的建议是："我们希望你提交的微信小程序，能够符合微信团队一直以来的价值观，那就是———一切以用户价值为依归，让创造发挥价值，好的产品是用完即走，以及让商业化存在于无形之中。"

换言之，微信官方希望小程序开发者聚焦产品本身，开发出对用户有用而非哗众取宠的小程序。

2. 策划优质的产品，提升推广效果

小程序上线后，运营者需要通过微信群、微信公众号以及线下广告等形式进行全方位推广。影响推广效果的因素主要包括以下两个。

第一，覆盖人群。小程序推广所覆盖的人群越多，进入小程序的用户就

越多。

第二，产品本身。产品的用户体验越好，进入小程序后的用户留存越好。

这两个因素中，"产品本身"对推广效果的影响最大。如果没有对产品进行周密策划，用户进入小程序后极有可能直接关闭。即使推广获得的流量大、覆盖人群广，也会由于用户体验不好而浪费流量。

课堂讨论

以下两次小程序推广，哪一次的推广效果更好？

（1）覆盖 10000 个用户，有 1000 个用户点击进入，有 900 个用户直接关掉并不再进入，最终留存 100 个用户。

（2）覆盖 5000 个用户，有 500 个用户点击进入，有 100 个用户直接关掉并不再进入，最终留存 400 个用户。

3. 引入社交设计，促进用户传播

由于小程序是一款基于微信平台的产品，而微信具有很强的社交属性，因此运营者可以通过小程序的功能设计和玩法策划，使用户主动分享与传播。

例如，2018 年春节前，不少网民在好友的推荐下通过小程序"趣图-手机壁纸头像表情"进行头像的快速设计，在微信头像上添加了鞭炮、红包等春节元素（见图 4-1）。该小程序之所以得到网友的主动推荐，获得不俗的口碑传播效果，主要在于产品本身功能简洁、操作简单、模板丰富。

点击"新年头像"　　　　上传、制作并保存

图 4-1

你曾给微信好友推荐过哪些小程序？为什么要推荐？

基于以上原因，运营者必须在"产品为王"的运营逻辑下，策划出让用户叫好的小程序。

小程序的运营策划包括三大步骤：第一步，评估需求场景；第二步，差异化设计；第三步，细节策划。

本章后 3 节将按照这 3 个步骤具体展开。

// 4.2 小程序运营的需求场景

虽然小程序具有入口多、打开快等诸多优势，前景被广泛看好，但是企业新媒体运营者不能一味"追热点"，贸然开发小程序，否则极有可能在投入资金和人力开发出小程序后，由于小程序不符合用户需求而无法获取用户，最终浪费了企业资源。

小程序并非"灵丹妙药"，不能解决所有场景的问题。因此在开发小程序前，运营者需要进行场景评估——只有确认用户在该场景下对小程序有使用需求，才能开始策划和开发小程序。

现阶段对小程序需求最多的场景包括低频类场景、碎片类场景、社交类场景、移动办公类场景及服务类场景。

1. 低频类场景

用户生活中出现频率较低、不会每天多次进入的场景即为低频类场景，如房屋交易、车辆购买、家政保洁、旅游出行等。由于用户不愿意为某个低频场景特意安装 App，导致低频类场景的 App 推广转化效果通常一般。

小程序"无须安装"的特点完全可以弥补此类场景下 App 的不足，用户在低频类场景下可以直接进入小程序进行相关操作，降低了企业产品与用户的接触门槛。

例如，房屋交易属于低频场景，多数用户数十年交易一次。为应对这一低频场景，"房天下"开发出对应的小程序"房天下+"，用户无须安装 App 即可实现成交总览、房屋查询、房贷计算等功能，如图 4-2 所示。

成交总览　　　　　　　房屋查询　　　　　　　房贷计算

图 4-2

2. 碎片类场景

碎片类场景指的是用户每日打开次数较多，但每次使用时间较短的场景，如工作之余玩小游戏、乘坐地铁时看视频、网上购物等。

用户对这类场景的产品主要需求是"快进快出"，最好一键进入或退出。小程序可以很好地满足用户的这类需求——用户有超过 10 种快速进入小程序的方法，而且点击右上角的圆圈即可直接退出。

解决碎片类场景需求的小程序包括"跳一跳""我最在行""腾讯视频""京东购物"等。

课堂讨论

尝试列出 3～5 个解决碎片类场景需求的小程序。

3. 社交类场景

微信本身是一款社交软件，用户最常用到的是微信的聊天功能。不过由于微信的产品设计力求简洁，社交场景下无法进行更丰富的玩法。

小程序可以很好地满足用户对社交类场景的多样化需求，如群打卡、群聊精华、群投票、好友红包、聊天猜谜等。

例如，"群空间助手"是一款基于微信群的小程序，为用户的社交类场景提供了更多功能支持。群成员可以共享相册与动态、进行群内运动 PK 及投票，且内容可以永久保存，不被清空，如图 4-3 所示。

| "群空间助手"小程序 | 创建微信群空间 | 上传内容 |

图 4-3

4．移动办公类场景

移动办公类场景指的是借助无线网络使用智能手机或平板电脑等移动设备进行商务活动的场景。在这类场景下，用户希望能高效地完成公文撰写、日程查看、文件管理、通知公告等事项。

小程序可以为移动办公类场景提供产品支持，用户直接使用微信即可快速处理日常商务事项。围绕此类场景开发的小程序包括"微信发票助手""Teambition 活动""微考勤""销售管家"等。

例如，小程序"微信发票助手"支持发票信息的编辑、分享和保存，为移动办公类场景下的用户提供了发票抬头添加、发票查验、发票管理等功能，如图 4-4 所示。

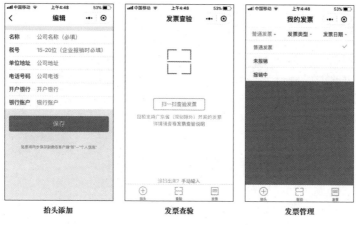

| 抬头添加 | 发票查验 | 发票管理 |

图 4-4

5. 服务类场景

服务类场景多指线下服务场景，如饭店点餐、景点买票、营业厅排号、KTV 点歌等。传统的线下服务场景需要大量人力或硬件设备投入，且效率较低；小程序可以为服务类场景提供支持，用户无须等待，直接用微信就能进行线下操作。

例如，"兵马俑小助手"是秦始皇帝陵博物院开发的一款小程序，用户可以直接在小程序内收听景区在线语音导游讲解，并了解景区实时拥挤程度（见图 4-5）。借助这款小程序，秦始皇帝陵博物院极大地降低了导游讲解的难度，同时不需要通过人工方式反复告知游客最佳游览路线，提升了景区的服务效率。

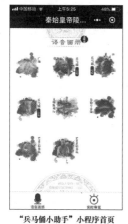  

| "兵马俑小助手"小程序首页 | 语音相册 | 实时导览 |

图 4-5

课堂
讨论

请搜索小程序"万达广场",分析它解决了哪些线下服务需求？

// 4.3 小程序的差异化设计

在策划一款小程序时，运营者在完成第一步"评估需求场景"并确认用户在该场景下对小程序有使用需求后，可以开始第二步"小程序的差异化设计"。

由于小程序的开发门槛低、开发周期短，大量开发团队涌入小程序，部分场景下必然出现功能相似、界面相仿的小程序。因此，运营者需要进行竞品调研，搜索行业关键词并查看相关小程序，分析其基础功能。

在竞品调研后，运营者如果发现打算做的小程序已经有人开发出来，就需要进行差异化设计。

运营者可以从业务、功能、服务 3 个角度进行小程序的差异化设计。

1. 围绕自身业务，设计更专属的小程序

不同的公司，其提供的产品、服务的场景、团队的经验等完全不同，因此几乎没有两家公司的业务是完全一样的。

围绕自身已有独特性的业务进行小程序策划，可以使小程序具有差异化。

例如，小程序"吉野家吉食送"为门店周边用户提供外送服务，主要有店铺选择、菜品选择等功能（见图 4-6），由于其策划过程完全围绕吉野家现有的线下外送业务，即使功能方面与肯德基、麦当劳等公司的小程序有相似之处，也会由于产品及服务的不同而具有差异化。

2. 聚焦细分场景，做出功能更简洁的小程序

微信小程序的设计理念趋于简洁，因此在几个功能相近的小程序中，设计越简洁，越能得到用户的青睐。

运营者可以尝试在大的场景下进行场景细分，开发出更聚焦的小程序，使其具有差异化。

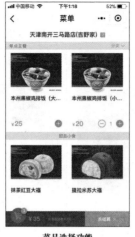

店铺选择功能　　　　　　　菜品选择功能　　　　　　　会员服务功能

图 4-6

例如，血压管理相关的小程序有数十种，大多数都围绕"血压"进行了丰富的功能设计，如血压记录、血压知识、血压拍照、上传药盒、连接硬件设备等［见图 4-7（a）］。而小程序"血压日记"只切入上述诸多场景中的"血压记录"场景，提供了一键记录［见图 4-7（b）］与一键查询的功能［见图 4-7（c）］。由于操作简洁，该小程序受到了用户的青睐。

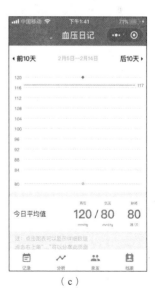

（a）　　　　　　　　　　（b）　　　　　　　　　　（c）

图 4-7

又如，在诸多记账类小程序中，小程序"旅游记账"只切入旅行记账场景，围绕该场景设计了记账清单、花费记录（见图 4-8）等功能，细分的场景吸引了该场景的目标用户。

记账清单　　　　　　　　　　　　花费记录

图 4-8

3．增加互动设计，策划有温度的小程序

用户对"冷冰冰"的小程序通常不会很快建立好感，如果两个小程序的功能相仿，用户更愿意选择有互动、更人性化的小程序。

因此，运营者可以尝试增加小程序的互动设计，使用户感受到充分的温度。

例如，现阶段已经有大量资讯类小程序，如"今日头条""网易新闻精选""东方头条新闻"等。小程序"新华社微悦读"在传统的内容资讯基础上，增加了大量互动设计，如弹幕功能、评论功能、点赞功能等，如图 4-9 所示。

| "现场"模块弹幕功能 | "图视"模块评论功能 | "记者"模块点赞功能 |

图 4-9

通过互动设计，越来越多的用户乐于把"新华社微悦读"小程序作为其资讯获取的首选渠道。

课堂讨论

尝试列出 3~5 个有温度的小程序。

// 4.4 小程序的细节策划

在小程序的运营策划工作中，前两个步骤"评估需求场景""差异化设计"属于思路层面的梳理与设计，而第三步"细节策划"属于落地执行工作。运营者需要做出具体策划，使小程序可以顺利进入开发阶段。

小程序的细节策划包括功能策划、导航策划、交互策划及原型图绘制。

1. 功能策划

运营者需要梳理出小程序的核心功能，要求该项核心功能满足用户在特定场景下的某项需求。

例如，"乐友孕婴童+"小程序为了满足用户在某一位置可以第一时间找到乐友门店的需求，其核心功能聚焦在"店铺展示"，并围绕其核心功能设计了"一键呼叫""地图导航"等功能,如图 4-10 所示。

| 小程序首页 | 一键呼叫 | 地图导航 |

图 4-10

又如,OPPO 手机的小程序"OPPO 官方+"为了满足用户对 OPPO 手机的购买与维修需求,其核心功能聚焦在"OPPO 服务",围绕核心功能延伸出线下服务相关的"服务网点查询"等功能,以及与线上服务相关的"OPPO 线上商城""配件查询"等细节功能,如图 4-11 所示。

| 服务网点查询 | OPPO 线上商城 | 配件查询 |

图 4-11

2. 导航策划

主体功能设计完成后，运营者需要进行导航策划，设计小程序的相关按钮。

导航策划的基本原则是"快速直达核心功能"——用户在小程序首页可以一键直达小程序的核心功能，并且点击 3 次以内可以到达任何功能。

例如，在小程序"工行服务"中，用户点击"排队取号"按钮后进入其核心的线下排队功能；点击"排队查询"或"排号记录"按钮后，可以分别进行排队的进度查询及过往的排号记录，所有功能均在两次点击内完成，如图 4-12 所示。

图 4-12

3. 交互策划

小程序的交互策划也被称为"逻辑策划"，指的是小程序各功能之间的逻辑设定，以明确用户进行各项操作后小程序进行的系统反馈。

例如，小程序"太原万科城市之光"是一款基本的展示型小程序，开发目的是展示楼盘基本情况，促进销售转化，如图 4-13 所示。

该小程序的交互逻辑包括以下 5 个部分。

（1）首页轮转图指向楼盘宣传页面。

（2）首页"项目概况""户型赏析""样板间照片"分别指向对应的楼盘图库。

（3）首页下方的"两轴""双轨""五园""六区"分别指向对应的卖点宣传页。

| 小程序首页 | "一键导航"功能 | "一键咨询"功能 |

图 4-13

（4）底部导航栏中间位置的"一键导航"指向地图导航功能。

（5）底部导航栏右侧位置的"一键咨询"指向电话呼叫功能。

4. 原型图绘制

完成功能策划及导航策划后，运营者可以尝试绘制原型图，以便与开发工程师、UI 设计师等进行沟通。

原型图没有固定模式，能够完整表达运营者的策划思路即可。

例如，某企业打算用小程序进行企业形象展示，小程序包括"关于我们""公司产品""联系我们"等模块，运营者可以初步绘制原型图，如图 4-14 所示。

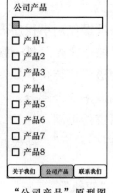

| "关于我们"原型图 | "公司产品"原型图 | "联系我们"原型图 |

图 4-14

原型图绘制完成后，运营者需要撰写《需求文档》，以文字形式阐述原型图背后的设计思路及各按钮的点击逻辑，第一时间与开发团队沟通，使小程序尽快进入开发调试阶段。

// 4.5　小程序的策划案例：国美管家

小程序的运营策划包括"评估需求场景""差异化设计""细节策划"3个步骤的设计。运营者在开发一款小程序之前，尝试按照这 3 个步骤进行思路梳理及具体策划。

例如，国美管家是国美集团旗下家电市场深度服务的互联网平台，其运营团队打算开发一款小程序，希望帮助企业提升家电服务的效率。团队按照上述 3 个步骤进行策划。

1. 评估需求场景

国美管家希望解决的是用户购买家电后的服务问题。家电维修、家电清洗等并非每天经历的场景，质量较好的家电甚至 3 年以上才维修一次。因此，该场景为典型的低频场景，属于对小程序有强烈需求的五大场景之一，小程序的开发很有必要。

2. 差异化设计

在完成场景评估并确认用户在该场景下对小程序有使用需求后，国美管家的运营团队进行竞品调研。

国美管家属于家电服务行业，其运营团队搜索的关键词包括"家电维修""家电清洗""家电回收"等。经过搜索，国美管家运营团队发现百余款竞品小程序，如图 4-15 所示。

对竞品小程序的功能逐一拆解后，国美管家运营团队发现竞品小程序的开发主体以个人和小团队居多，因此其覆盖范围通常较小，仅能提供单一城市服务；同时，受制于公司规模与成本，多数竞品小程序仅提供单一服务，如"只提供空调清洗服务""只提供家电回收服务"等。

因此，国美管家的运营团队尝试差异化设计方法中的"围绕自身业务，设计更专属的小程序"，将国美完善的线下家电服务体系延伸至小程序。

"家电维修"搜索结果　　　　"家电清洗"搜索结果　　　　"家电回收"搜索结果

图 4-15

3．细节策划

差异化设计完成后，小程序进入功能策划阶段。

（1）功能策划

国美管家的运营团队围绕用户的场景需求梳理出了小程序的核心功能"家电服务"，并且围绕其核心功能设计了"手机维修""家电维修""家电清理""家电回收"等具体功能。

（2）导航策划

国美管家的小程序导航计划设计 3 个主要按钮：左侧按钮为"首页"，用户点击后可以浏览全部服务；中间按钮为"快速预约"，用户点击后能预约相关服务；右侧按钮为"我的"，用户可以查询订单及优惠券。

（3）交互策划

小程序的后台逻辑规划为：首先，在首页点击相关服务后，可以进入"选择设备""确认故障""填写地址""提交订单""服务付款"等；其次，中间的"快速预约"按钮指向预约相关服务的页面；最后，右侧的"我的"按钮指向个人信息汇总页面。

（4）原型图绘制

根据以上策划，国美管家的运营者初步绘制小程序的原型图，如图 4-16 所示。

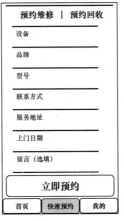

图 4-16

4. 基本完成小程序的开发

完成以上 3 个步骤后，运营者与开发团队沟通，要求开发团队按照开发需求进行界面设计及功能开发。

小程序最终实现了全部功能，界面清爽，所有功能均一键触达，如图 4-17 所示。

小程序首页　　　　　"快速预约"模块　　　　　"我的"模块

图 4-17

通过一系列策划与执行，"国美管家"小程序一经推出，便获得了用户的广泛认可。

实战训练

尝试按本章的策划思路，为某动物园策划一款自助购票与导览的小程序。

05 Chapter

第 5 章
小程序运营推广

通过阅读本章内容，你将学到：

- 小程序推广的整体思路
- 小程序推广的官方规则
- 小程序推广的场景设计
- 小程序的用户传播方式

// 5.1 小程序推广的整体思路

小程序具有"开发周期短""开发成本低"等特点，但小程序推广并没有因为开发成本低而变得简单，运营者必须在小程序策划阶段就同步进行推广策划的设计，提升小程序的最终用户覆盖面。

小程序是一种基于场景的轻应用，所以很适合借助某个特定场景或事件进行传播，其推广思路也可以遵循互联网产品的事件推广顺序，即研究平台规则、借助场景推广、激发用户传播。

1. 研究平台规则

在进行小程序推广前，必须先研究国家互联网信息办公室的相关规定及微信小程序的官方规则，避免违反小程序的基本原则，发生"踩红线"行为。

例如，2018年1月30日晚，答题比赛类微信小程序"头脑王者"由于题目审查不严谨而违反《即时通信工具公众信息服务发展管理暂行规定》，导致该小程序被暂停服务（见图5-1）。作为一款拥有上百万同时在线用户的热门小程序，违反规则带来的经济损失及社会影响是很大的。

小程序界面（2018年1月31日）

公众号声明

图 5-1

2. 借助场景推广

运营者需要分析用户的应用场景，结合场景进行产品推广方式的设计，使产品友好地"出现"在用户面前，部分常见互联网产品的场景推广如表 5-1 所示。

表 5-1　互联网产品的场景推广

序号	互联网产品	切入场景	场景推广
1	"车来了"App	出行，等待公交车	在公交车站进行地推
2	"大众点评"App	饭店选择，饭店评价	在饭店及商场入口处进行地推
3	"新东方"官网	想学英语，百度搜索	分析用户热搜词，进行搜索引擎优化
4	"微信"支付功能	线下结账	联合超市进行海报宣传
5	"支付宝"App	春节抢红包	策划微博联合活动，发放支付宝红包

小程序的推广需要围绕场景，做好以下两方面的工作。

第一，研究用户的微信使用习惯。由于小程序是基于微信的一款产品，因此需要分析用户在使用微信聊天、阅读、支付、游戏时的细节场景，找到小程序的线上最佳切入方式。

第二，分析用户的线下场景。运营者需要分析用户聚会、旅行、开会、学习等场景，尝试通过这些常见场景引出小程序。

例如，新东方留学业务的大部分用户是学生及职场新人，这部分用户的常用交通工具是地铁。结合此出行场景，新东方将其小程序宣传广告投放至北京地铁 10 号线沿线，吸引目标用户扫码进入，如图 5-2 所示。

图 5-2

3. 激发用户传播

场景推广需要运营者不断尝试新的创意并吸引用户关注，但过度依赖场景推广，会增加运营团队的人力成本，而且推广效果会随着竞品增多及推广周期变长而减弱。因此，小程序需要尝试让用户在场景体验后，自发参与产品推广，从而进一步扩大产品的用户数量。

第一，用户传播有助于降低推广的人力投入。不论是线下推广还是线上推广，都需要运营团队相关人员参与，而用户传播无须新增人力，直接依靠用户力量即可完成。

第二，用户传播有助于降低推广的广告支出。不论是微信朋友圈广告还是线下广告，运营者都需要支出大量的广告费用，而用户传播可以大大减少这部分费用。

第三，用户传播有利于提升用户的认可度。多数小程序由于缺乏用户认可度，被用户打开的频率极低；相反，如果小程序运营者将一部分广告费用回馈给用户，鼓励用户分享给好友，会得到现有用户的认可，提高忠诚度。

例如，星巴克的小程序"星巴克用星说"尝试将推广与社交相结合，用户在线下消费后可以一键分享"立减金"，其好友进入小程序即可领取"立减金"，如图 5-3 所示。

图 5-3

**课堂
讨论**

你会主动将小程序"跳一跳"推荐给好友吗？为什么？

小程序的推广思路是"研究平台规则、借助场景推广、激发用户传播"，本章后续内容也将围绕该思路，分别从"规则""场景""传播"3 个方面进行小程序推广的具体讲解。

// 5.2　小程序推广的官方规则

进行小程序的推广工作前，运营者必须先了解官方规则，避免触碰平台高压线，否则，即使小程序的推广效果超出预期，也会由于违反规则而被下架。

查看最新《微信小程序平台运营规范》，运营者可以输入网址（https://mp.weixin.qq.com/）并进入微信公众平台的注册与登录页面，随后将鼠标放在"小程序"标识处点击"运营"即可，如图 5-4 所示。

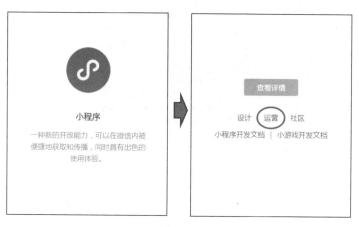

图 5-4

微信团队为小程序运营者撰写的《微信小程序平台运营规范》，包括小程序运营原则、具体运营规范、处罚与举报规范、遵守当地法律监管、小程序平台运营规范免责声明等。其中，运营者需要在以下 6 个方面特别注意。

1．小程序推广避免诱导行为

原文："未经腾讯同意或授权的情况下，微信小程序提供的服务中，不得存在诱导类行为，包括但不限于诱导分享、诱导关注、诱导下载、诱导抽奖等。"

解读：运营者不能直接把网站、微博等平台的推广方法套用到微信小程序的推广上，不能用"关注我们，领取大奖""分享给10位好友，即可抽奖"等形式，诱导用户进入小程序。

2．小程序模板消息尽量不打扰用户

原文："不得滥用模板消息和客服消息，包括但不限于利用模板消息和客服消息骚扰用户、广告营销、向用户发送与客服咨询无关的任何文案、图片。"

解读：小程序可以通过模板消息或客服消息的形式进行消息通知，但运营者不能过度使用该功能，频繁向用户发送消息。如果用户认为被打扰，可以选择投诉（见图5-5）；而大量用户投诉会引起微信团队的关注，从而增加小程序被下架的风险。

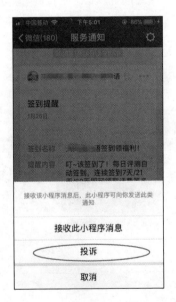

图 5-5

3．小程序功能避免过于单一

原文："微信小程序的功能不能过于简单，提供的功能不应与其他微信小程序同质化严重。"

解读：虽然微信团队对小程序的阐释是"无须安装，用完即走"，但是运营者不能设计出过于简单的小程序。如果某款小程序只有一个字或一个按钮，无法实现任何具有实际意义的功能，将会违反此项规则。

4．小程序设计需要注意隐私保护

原文："除非相关法律要求，或经用户同意，否则不得要求用户输入个人信息（手机号、出生日期等）才可使用其功能，或收集用户密码或者用户个人信息（包括但不限于手机号、身份证号、生日、住址等）。"

解读：部分行业的线上营销工作重点之一是"获取用户信息"，销售人员在得到用户手机号或微信号后，会进行一对一的销售跟进。但是，微信官方严禁运营者通过小程序恶意收集用户信息，因此运营者应尽量设计"一键登录"或"一键使用"功能，避免触犯隐私保护相关规定。

5．小程序内严禁设计多级分销

原文："不得通过微信小程序实施多级分销欺诈行为，发布分销信息诱导用户进行添加、分享或直接参与。一经发现存在此类行为，微信有权对其进行限制功能直至封禁处理，并有权拒绝再向该主体提供服务。"

解读：微信团队对多级分销的态度较为强硬，一旦发现存在多级分销，将立刻封禁。因此，运营者在设计小程序的传播方式时，必须避免采用"分享至朋友圈领红包，朋友再邀好友获得二次奖励"等形式。

6．小程序推广避免强制要求行为

原文："（禁止）强制用户分享或关注：分享或关注后才能继续下一步操作。包括但不限于分享或关注后方可解锁功能或能力，分享或关注后方查阅、下载图片或视频等。"

解读：运营者不能在小程序中强制用户暂停某项动作，要求用户分享或转发后才能恢复。例如，用户在小程序中浏览新闻时，如果突然出现"分享到朋友圈，才能看到新闻的后续内容"或"分享到微信群，获得新闻畅读功能"等提示，用户可以直接截图举报至微信团队。

课堂讨论

以下小程序的推广方法可行吗？是否触犯了以上规则？

（1）分享到朋友圈，才能看到视频全集。

（2）填写手机和身份证，才能使用小程序。
（3）邀请 5 个朋友进入小程序，获得现金奖励。

// 5.3 小程序推广的场景设计

"场景"原指戏剧、电影等艺术作品中的场面，互联网产品推广也必须结合场景，在推广前要用"过电影"的方式思考用户行为，并设计推广方式。

互联网推广渠道不下百种，运营者如果未经分析，直接套用"百度推广""论坛推广""邮件推广"等形式进行小程序推广，极有可能南辕北辙，达不到推广目的。

特别是在小程序推广初期，运营者可以尝试发起"头脑风暴"，邀请运营团队所有成员及相关部门同事共同梳理小程序对应的所有用户场景，随后结合场景设计推广方式。

常见的小程序推广场景有 5 种，包括搜索场景、浏览场景、位置场景、支付场景和线下场景。

1. 搜索场景

搜索场景主要有两类，第一类是用户在微信聊天界面顶部搜索关键词，第二类是用户在"发现"界面点击"小程序"后搜索关键词，如图 5-6 所示。

聊天界面搜索　　　　　　小程序内搜索

图 5-6

结合搜索场景进行小程序推广，首先需要挖掘搜索词。运营者可以借助小程序"微信指数"，查看相关关键词的搜索热度（微信指数）。图 5-7 所示为"直播"的搜索热度。搜索热度越高，说明关注该搜索词的用户越多，运营者需要对其进行重点布局。

图 5-7

得到相关搜索词后，运营者需要布局关键词，以期获得好的搜索排名，进而被用户搜索并点击。小程序的关键词主要在以下两处布局。

第一，运营者可以直接用热门搜索词作为小程序名称。例如，"医生"是一个微信指数约 26 170 068 的热门词，小程序"丁香医生"用"品牌+热搜词"的命名方式，小程序名称中包括热搜词"医生"，用户搜索后可以直接看到该小程序，如图 5-8 所示。

第二，运营者可以在小程序后台点击"推广"按钮，设置最多 10 个与业务相关的关键词。具体设置方式请翻阅本书"3.4 小程序的推广设置"，本章不再赘述。

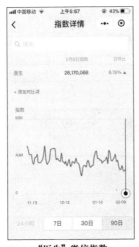

| "医生"微信指数 | "医生"小程序搜索结果 |

图 5-8

2. 浏览场景

用户常用微信浏览公众号文章、浏览朋友圈等。结合浏览场景，运营者可以设计小程序的相关推广。

（1）投放广告

运营者可以尝试投放微信广告，以获得更多的浏览曝光量。例如，"有车以后"曾在朋友圈投放广告（见图 5-9），为小程序引流。

图 5-9

又如，小程序"LEGO 乐高"在微信公众号文章底部的广告区域投放活动广告，用户点击后可直接进入小程序，如图 5-10 所示。

| 点击公众号文章下方广告 | 进入"LEGO乐高"小程序 |

图 5-10

（2）植入内容

除投放广告外，运营者也可以借助内容推广小程序。

例如，在微信公众号"新世相"的文章《听了这堂课，中国的工作任你挑》中，作者先讲明关键点"听到过太多人的焦虑痛苦，最后发现最大的秘密：大部分痛苦可以归结为穷"，随后引出课程内容，并列举"值得拥有它的 6 个理由"，接着展示课程内测口碑，最后引出小程序"新世相读书会"（见图 5-11）。用户出于对内容的认同而点击小程序，因此优质的内容是高转化率的保证。

| 查看公众号文章内容 | 点击下方小程序按钮 | 进入小程序 |

图 5-11

3．位置场景

用户在使用微信时，可在微信小程序顶部点击"附近的小程序"（见图 5-12），使用附近小程序提供的服务。

图 5-12

运营者可以结合此场景，在小程序后台进行"附近的小程序"相关设置。具体设置方式请翻阅本书"3.4 小程序的推广设置"，本章不再赘述。

4．支付场景

用户在使用微信支付后，可以收到系统推送的交易账单。如果交易账单中含有小程序按钮，就能以友好的方式邀请用户使用小程序。设置方法是：进入后台的"支付设置"，点击"支付后关注"下方的"设置"按钮（见图 5-13）进行设置。

例如，用户在肯德基点餐并使用微信支付后，收到的交易信息中会出现"进入商家小程序"按钮，点击后即可进入肯德基的小程序"肯德基 WOW 礼卡"，通过支付功能为小程序吸引用户，如图 5-14 所示。

5．线下场景

除了线上渠道外，运营者也可以尝试梳理线下渠道，结合用户的线下场景进行小程序推广。

图 5-13

点击"进入商家小程序"　　　进入肯德基小程序

图 5-14

　　例如，用户开车时，在关注路况的同时会看到路边的广告，小程序"有车以后"结合此场景，于 2017 年 11 月 15 日晚在广州塔投放巨幅广告（见图 5-15）。广告投放时间从 19:00 到 21:30，使"有车以后"小程序赚足了用户及媒体的眼球。

图 5-15

课堂
讨论

如果你是"美团外卖"小程序的运营负责人，你会结合哪个场景推广？如何推广？

// 5.4 小程序的用户传播方式

常见的小程序的用户传播方式有以下 7 种。

1. 借助"社交立减金"，实现社交裂变

"社交立减金"是一款帮助企业快速生成具备裂变传播属性的小程序经营工具。用户通过支付、扫码等场景可以参与"社交立减金"活动，将"社交立减金"礼包分享给朋友后自己可获取一份，朋友在会话中可随机获取"社交立减金"，并直达商家小程序。

运营者可以尝试借助"社交立减金"玩法触达更多潜在用户，降低拉新成本；同时可以根据用户标签属性分发不同金额的"社交立减金"，提升老用户的忠诚度。

例如，用户在屈臣氏门店使用微信支付后，可以点击"领取"按钮并进入邀请好友界面，随后转发至好友，共同领取"立减金"，如图 5-16 所示。

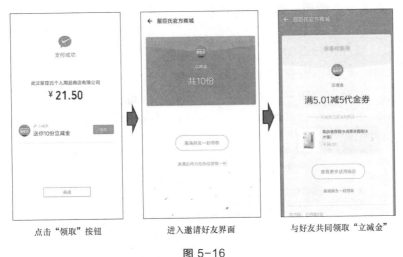

点击"领取"按钮　　　　进入邀请好友界面　　　　与好友共同领取"立减金"

图 5-16

2. 设计比拼玩法，引导社交互动

网民不但喜欢观看体育比赛、游戏竞技直播，而且喜欢参与其中。运营者可以尝试迎合网民的"比赛"心理，设计比拼玩法，引导用户进行社交互动，进而为小程序吸引新用户。

例如，微信小游戏"跳一跳"内设计了比拼玩法，用户可以将"跳一跳"小游戏发至微信群，随后获取群内玩家的游戏排行榜（见图 5-17）。排行榜显示群友的游戏得分，因此能刺激部分群友多次游戏，以达到更好的名次。

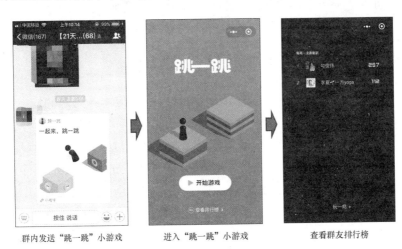

群内发送"跳一跳"小游戏　　　进入"跳一跳"小游戏　　　查看群友排行榜

图 5-17

3. 加入分享按钮，提醒用户转发

用户愿意转发有趣的文章、走心的图片，但是其分享行为需要引导。运营者可以直接在优质页面加入"分享""转发"等按钮，便于用户一键转出；相反，如果小程序内没有转发按钮，无形之中会降低转发率。

例如，小程序"知乎热榜"的每一个内容页面左下角都设计了"分享"按钮，用户点击后可以直接分享朋友圈或分享给好友，如图 5-18 所示。

点击"分享"按钮　　　　　　分享朋友圈或分享给好友

图 5-18

4. 设计同伴环境，鼓励社群传播

微信群是微信的基本功能之一，几乎所有微信用户都加入过同事群、家人群、同学群等不同组织形式的群组。但是由于微信本身力求简约，微信群的主要功能聚焦在"沟通"，没有过多的周边功能。

因此，小程序可以围绕微信群的社交属性进行功能丰富化设计，特别是营造群友的同伴环境，鼓励群友共同完成任务，进而完成小程序的社群传播。

例如，小程序"鲸打卡"围绕社群用户的社群打卡需求而设计。用户可以在小程序内上传图片或文字，完成打卡（见图 5-19）。同时，用户可以分享至社群，与群友共同打卡。

打卡列表页　　　　　　　　　打卡详情页

图 5-19

又如，小程序"Keep 打卡助手"围绕健身社群的运动同伴环境需求而设计。用户可以点击小程序首页的"运动打卡群"或"跑步打卡群"，创建相关群组。随后可以邀请群友加入小程序，尝试通过社群力量，共同冲刺排行榜首位，如图 5-20 所示。

创建打卡群　　　　　　分享群打卡　　　　　查看实时排行位

图 5-20

5．设计任务玩法，鼓励用户完成任务、领取奖励

奖金、礼券、礼品卡等都是用户喜闻乐见的奖励形式，小程序运营者可以设计任务，邀请用户完成任务并领取相关奖励。

例如，2018 年春节前，小程序"京东购物"设计了"做任务，瓜分 1 亿京豆"活动，用户分享页面后可获得优惠券，好友拆礼包后，分享者有机会获得京豆奖励（见图 5-21）。奖励与社交相结合的方式，使京东在年货采购期获取了大量新用户。

点击"分享好友赢京豆"按钮　　　　　　分享好友，赢取奖励

图 5-21

6．设计加速规则，鼓励好友助力

随着生活节奏不断加快，用户不希望花费过多的时间在等待上。譬如在电商平台选择商品时，面对"暂时缺货，等待通知"的商品，有些用户会选择"价格略高，次日送达"的商品。

因此，运营者可以设计加速规则，引导用户转发给好友协助加速。

例如，携程在小程序中设计了"火车票加速"功能，用户在购买热门线路火车票时，可以点击"好友加速抢票"按钮，邀请好友助力。随后，好友可以进入小程序，帮助购票用户获取加油包，提升抢票成功率（见图 5-22）。这个功能让老用户为携程小程序带来了更多的新用户。

| 点击"好友加速抢票"按钮 | 邀请好友助力 | 获得加速包 |

图 5-22

7. 聚焦核心功能，促进口碑传播

"口碑传播"是指用户之间关于产品、品牌或服务的人际传播。用户普遍乐于将使用体验好的互联网产品推荐给家人或朋友，而接收者出于对推荐者的信赖，也更容易对该互联网产品产生好感。

因此，微信小程序的运营者可以聚焦其核心功能，使小程序成为特定人群或特定场景下的标配。

例如，由于小程序"公众平台助手"聚焦微信公众号的手机端快捷操作，账号管理员最需要的"回复留言""查看赞赏""用户分析""图文分析"等功能均可在此小程序实现（见图 5-23），因此，小程序"公众平台助手"常被某个账号管理员推荐给其他账号管理员。

| 查看留言与赞赏 | 用户分析 | 图文分析 |

图 5-23

又如，小程序"墨迹天气"聚焦天气预报及气象服务，围绕此核心功能设计的"天气预报""生活指数"等广受用户欢迎，自然成为用户口碑推荐的首选，如图 5-24 所示。

天气预报　　　　　　生活指数

图 5-24

在小程序推广的实际工作中，运营者需要将本节的 7 种用户传播方式与本书"5.3 小程序推广的场景设计"中的场景推广技巧相结合，使推广效果最大化。

课堂讨论

某餐厅打算开发小程序，实现点餐、支付、会员管理三大功能。请结合本节内容，设计该小程序的传播方式。

06 Chapter

第 6 章
小程序数据分析

通过阅读本章内容，你将学到：

- 小程序数据分析概述
- 小程序常规数据分析
- 小程序自定义分析
- 小程序数据助手
- 第三方小程序数据分析工具

// **6.1 小程序数据分析概述**

小程序的后台数据有 6 个类别，分别是概况、实时统计、访问分析、来源分析、自定义分析和用户画像，如图 6-1 所示。

图 6-1

为了方便运营者理解，这里将这 6 个类别归纳为两大版块，分别是常规数据分析和自定义分析。当运营者不知道运营小程序从何入手的时候，在数据分析上往往能找到突破口。小程序数据分析主要有以下意义。

（1）有利于运营者了解用户属性特征（包括性别、年龄、地域、终端机型等），构建粉丝群体画像。

（2）有利于运营者分析各个页面变化趋势，了解用户访问、留存等数据，从而掌握用户喜好，指导页面布局，优化迭代。

（3）通过对用户来源渠道进行分析，运营者能判断精准用户的来源途径，了解核心用户所在渠道，方便产品传播运营。

总之，了解小程序数据分析，运营者能更好地运营小程序，更易发现问题、优化资源配置，从而使各项运营数据更加健康。

　　小程序后台可以检测到哪些数据指标？请在表 6-1 中相应的选项
后打钩。

表 6-1　小程序后台数据指标

选项	能否被检测
打开次数	
访问次数	
访问人数	
新访问用户数	
分享次数	
分享人数	

// 6.2　小程序常规数据分析

　　常规数据分析主要有 5 个方面的数据模块，分别是概况数据、实时统计、
访问分析、来源分析和用户画像。通过这 5 个方面的数据，运营者能了解小
程序日常运营的流量涨跌趋势、原因及粉丝特点。

1. 概况数据

　　概况数据模块主要包括 3 类数据，即昨日概况、趋势概况、TOP 受访页，
运营者通过这些数据可以快速了解小程序的发展概况。

　　• 打开次数：打开小程序的总次数。用户从打开小程序到主动关闭或
超时退出小程序的过程，计为一次。

　　• 访问次数：访问小程序页面的总次数。多个页面之间跳转、同一页
面的重复访问计为多次访问。

　　• 访问人数：访问小程序页面的总用户数。同一用户多次访问不重

复计。

- 新访问用户数：首次访问小程序页面的用户数。同一用户多次访问不重复计。
- 人均停留时长：平均每个用户停留在小程序页面的总时长，即总停留时长/访问人数。
- 次均停留时长：平均每次打开小程序停留在小程序页面的总时长，即总停留时长/打开次数。
- 平均访问深度：平均每次打开小程序访问的去重页面数。
- 入口页次数：小程序页面作为入口页的访问次数。用户从页面 A 进入小程序，跳转到页面 B，A 为入口页，B 不是。
- 退出页次数：小程序页面作为退出页的访问次数。用户从页面 A 跳转到页面 B，从页面 B 退出小程序，B 为退出页，A 不是。
- 退出率：小程序页面作为退出页的访问次数占比，即退出页次数/访问次数。
- 分享次数：分享小程序页面的总次数。
- 分享人数：分享小程序页面的总人数，同一用户多次分享不重复计。

在"昨日概况"一栏中，运营者可以查看小程序昨日关键用户指标，主要包括打开次数、访问次数/人数、新访问用户数、分析次数/人数。这里清晰呈现了小程序昨日用户活跃概况，并且系统会自动将昨日数据对比一天前、一周前、一月前的增长率，如图 6-2 所示。

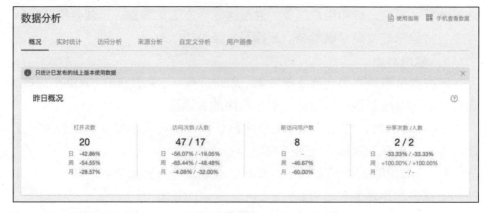

图 6-2

在"趋势概况"一栏中，运营者可以查看小程序关键指标的趋势，包括累计访问用户数（见图 6-3）、打开次数、访问次数、访问人数、新访问用户数、分享次数、分享人数、人均停留时长、次均停留时长等数据。同时，运营者可以自定义数据查询时间范围，包括最近 7 天、最近 30 天及最近 60 天以内的数据，还可以选择相邻时间段进行环比分析。

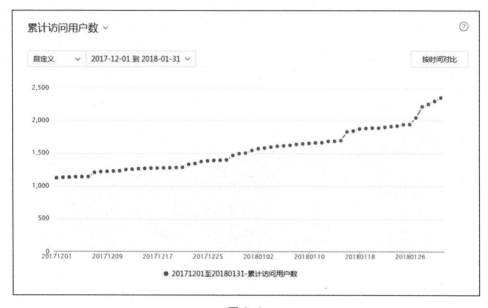

图 6-3

在"TOP 受访页"一栏中，运营者可以查看用户最常访问的页面，包括页面访问次数和单个页面访问次数在总访问次数中的占比（见图 6-4）。其中页面分为入口页和受访页。入口页指用户进入小程序访问的首个页面，受访页指用户访问的每个页面。

监测概况数据，需要尤其留意数据趋势的突然变化。例如，打开后台发现昨日打开次数突然增多，可能是当天的内容发布、近期的活动推荐甚至其他渠道的大力推荐导致数据突增，运营者需要仔细分析原因，找到导致粉丝激增的真正原因。同样，如果某一天打开次数突破新低或者一段时间内一直呈下降趋势，就需要仔细检查最近的小程序体验是否出现问题，内容更新是否引起用户厌烦。

TOP受访页

最近30天　2018年01月25日 - 2018年02月24日

页面路径	访问次数	占比
1. pages/home/dashboard/index	1798	38.65%
2. pages/goods/detail/index	1446	31.08%
3. pages/home/feature/index	358	7.70%
4. pages/usercenter/dashboard/index	278	5.98%
5. pages/home/tab/one	220	4.73%

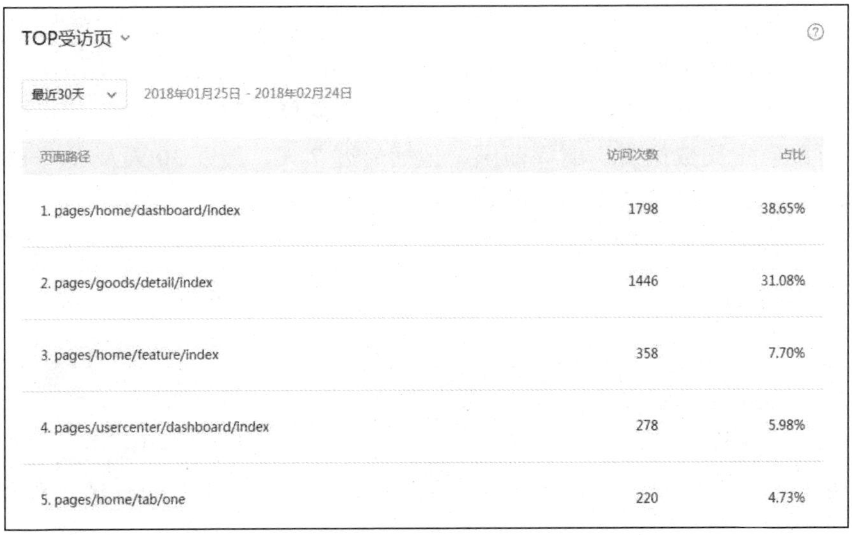

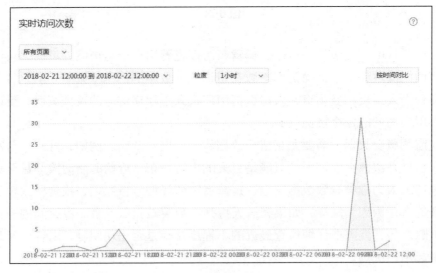

图 6-4

2. 实时统计

在实时统计模块，运营者可以查看用户实时访问数据，可以选择所有页面或单个页面为分析对象，也可以选择具体的时间粒度，如 1 分钟、5 分钟、10 分钟、30 分钟、1 小时（见图 6-5）等。以上数据还可以按时间进行对比，当选择时间粒度为 1 小时时，最长支持选择的时间范围为 7 天。

图 6-5

实时统计模块最主要的作用是实时监测小程序的目标页面数据，最适合的场景就是当进行小程序推广或在小程序内上线活动时，运营者实时监测页面数据，查看活动传播是否有效，从而及时配置宣传渠道资源，做好小程序推广工作。

3．访问分析

访问分析模块主要包括 4 类数据，即访问趋势、访问分布、访问留存和访问页面。运营者通过这些数据可以快速了解小程序的访问趋势、来源渠道、最终活跃留存等数据，从而评估不同渠道的推广效果。

在"访问趋势"一栏中，运营者可以查看小程序的用户访问趋势，包括访问次数、人数、时长、深度等多维度的数据。可供运营者选择的时间粒度有日（见图 6-6）、周、月。

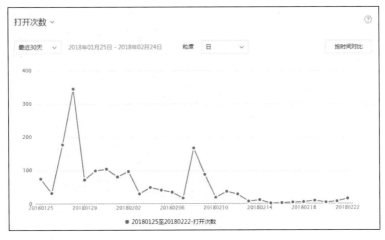

图 6-6

在"访问分布"一栏中，运营者可以查看访问来源、访问时长和访问深度（见图 6-7）。访问来源指目前小程序支持的推广入口，如小程序历史列表、二维码、搜索、公众号推荐等。运营者可以查看不同场景的小程序打开次数，从而分析小程序的用户渠道占比。访问时长指用户从打开到退出小程序停留的时长，后台的计量单位为秒。运营者可以查看不同时长区间的打开次数，从而判断用户对小程序的黏性高低。访问深度指用户从打开到退出小程序访问的去重页面数，最少 1 个页面，最多 6～10 个页面。运营者可以查看不同访问深度区间的打开次数，从而了解小程序的普通用户、深度用户的占比。

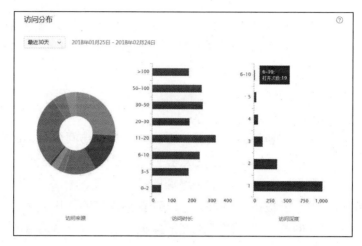

图 6-7

在“访问留存”一栏中，运营者可以在选定时间范围后查看小程序用户的访问留存情况（见图 6-8），可以按日、周、月查看新增留存和活跃留存情况。

新增留存

自定义 2018-02-01 到 2018-02-06 时间粒度 日

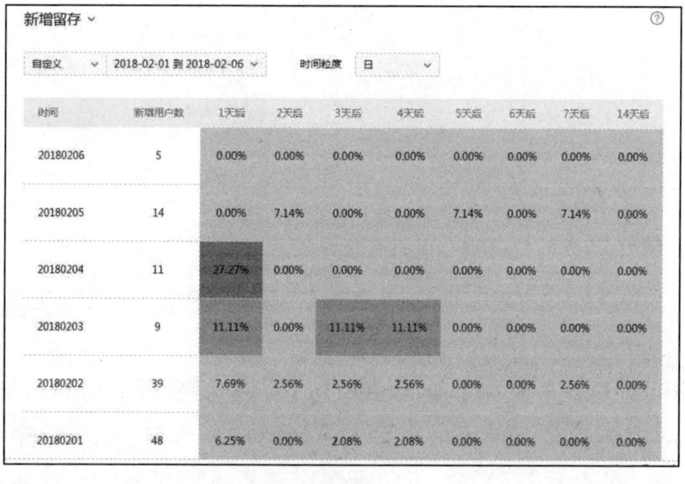

时间	新增用户数	1天后	2天后	3天后	4天后	5天后	6天后	7天后	14天后
20180206	5	0.00%	0.00%	0.00%	0.00%	0.00%	0.00%	0.00%	0.00%
20180205	14	0.00%	7.14%	0.00%	0.00%	7.14%	0.00%	7.14%	0.00%
20180204	11	27.27%	0.00%	0.00%	0.00%	0.00%	0.00%	0.00%	0.00%
20180203	9	11.11%	0.00%	11.11%	11.11%	0.00%	0.00%	0.00%	0.00%
20180202	39	7.69%	2.56%	2.56%	2.56%	0.00%	0.00%	2.56%	0.00%
20180201	48	6.25%	0.00%	2.08%	2.08%	0.00%	0.00%	0.00%	0.00%

图 6-8

在“访问页面”一栏中，运营者可以查看每个小程序页面的访问数据情况（见图 6-9）。每个页面都可以查看访问次数、访问人数、次均时长、入口页次数、退出页次数、退出率、分享次数、分享人数等数据，十分有利于运营者判断用户对不同页面的喜好程度。

访问页面

最近30天　2018年01月25日 - 2018年02月24日

页面路径	访问次数	访问人数	次均时长(s)	入口页次数	退出页次数	退出率	分享次数	分享人数
pages/home/dashboard/index	1817	679	17.64	869	681	37.48%	79	29
pages/goods/detail/index	1453	627	20.25	562	493	33.93%	64	34
pages/home/feature/index	358	188	18.30	197	183	51.12%	10	4
pages/usercenter/dashboard/index	278	126	6.28	37	76	27.34%	0	0
pages/home/tab/one	223	121	13.65	14	37	16.59%	0	0

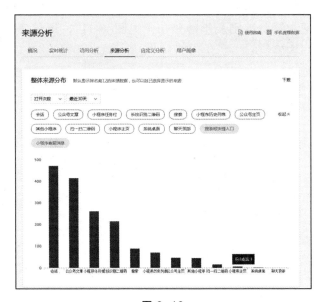

图 6-9

4. 来源分析

在来源分析模块，运营者可以查看访问者的整体来源分布（见图 6-10）和不同来源渠道的次数与趋势。在查看整体来源分布时，运营者在选择不同时间范围后，即可查看小程序打开次数/访问次数的整体来源渠道名称和数量，后台默认显示排名前 12 的来源数据。运营者还可以查看单个推广入口在不同时间范围内的变化趋势。以上所有选择查询后的来源数据，全部支持 Excel 文件格式下载，方便运营者做进一步的分析和记录。

图 6-10

课堂
讨论

以下几个场景，你能判断出哪些是新增用户的增长来源吗？

（1）朋友私聊分享一个好玩的小程序，点击进去看看有什么内容。

（2）在查看微信文章时，看到文章中推荐一个不错的小程序，顺手点进去。

（3）关注了一个喜欢的公众号，发现这个公众号最近绑定了一个小程序，点进去体验下。

（4）路边等公交，发现扫描公交站旁边的二维码即可查看公交动态，于是扫码查看。

（5）在美团上团购了一张电影票，在用微信支付时，顺便进入商家小程序。

5. 用户画像

运营者在用户画像模块可以看到用户性别及年龄分布、地区分布、终端及机型分布等数据。运营者通过这些数据可以了解用户的属性和质量，采取有效的推广措施。

（1）性别及年龄分布

实际上，通过查看性别及年龄分布（见图 6-11），运营者可以更好地优化小程序设计与内容。

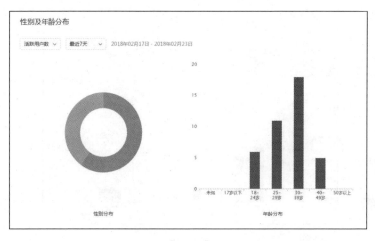

图 6-11

如果账号的男性比例偏大，那么运营者可以将小程序设计得更硬朗、简洁一些，更新的内容也可以更偏重男性视角，从而讨更多男性粉丝的喜欢。例如，小程序"果粉管家"会在小程序中售卖一些苹果配件，如耳机、手机壳等。当得知男性用户比例更高之后，在后续上新商品时，运营者可以选择更大气的款式、配色，如多上架黑色、灰色系列的手机壳，而不是粉色系列的手机壳。

（2）地区分布

地区分布数据能为运营者提供多方面的参考。

粉丝付费能力参考：当运营者知道用户地区分布的数据以后，相当于知道用户集中分布的地方，同时也能作为用户质量的参考。例如，一二线城市的用户比例比三四线城市比例大，那么这个小程序用户的付费能力相对较强。

活动举办参考：运营者可以优先选择用户集中的城市举办活动。

线下推广地参考：小程序的主要应用场景在线下，得知用户所在城市的分布后，运营者即可挑选用户集中的城市进行线下推广，理论上来说，这些城市的用户更容易接受该小程序。

（3）终端及机型分布

终端及机型分布（见图 6-12）主要为运营者对用户质量分析提供了参考。

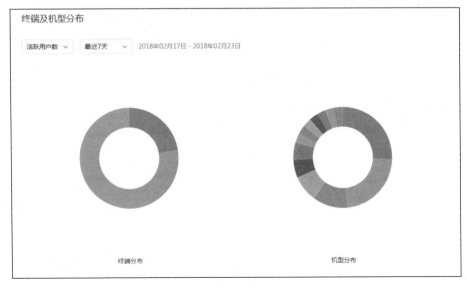

图 6-12

机型数据对产品推广也非常有帮助，有的企业会特别看重机型的比例，如某公司的 App 目前只推出了 iOS 版本，那么这个公司肯定会优先选择苹果机型用户居多的小程序进行推广合作。

课堂讨论

结合本节所学知识，尝试从不同推广入口思考，如果希望提高小程序的打开次数，如何筛选出最合适的推广渠道。

// 6.3 小程序自定义分析

常规数据分析能让运营者了解小程序运营的基本情况，而运营者如果想了解更多、更细致的运营数据，就需要了解自定义分析。自定义分析主要包括两种类型：事件分析和漏斗分析。不论哪一种分析，在分析数据前，都需要新建事件。

1. 事件分析

事件分析是指基于事件的指标统计、属性分组、条件筛选等功能的查询分析。例如，分析注册小程序用户的年龄及地区分布占比、购买商品用户的类型分布、支付金额并区分用户群特征等。漏斗分析是指将多个事件串联起来，对每个步骤中的用户转化与流失进行分析，通俗的说法就是转化率分析，用户从上一个步骤到下一个步骤的转化率是多少。常见的转化情境有注册转化分析、购买转化分析等。

以小程序"果粉管家商城"为例。运营人员为其自定义了一个用户购买行为的事件分析（见图 6-13）。通过事件分析，运营者可以分析用户购买行为在指定时间范围内以小时为粒度的城市、性别、终端及机型分布等多个维度的数据，这就形成了一个属性分组分析。以前运营者顶多能看到多少用户使用小程序，多少用户进入购物车页面，以及使用过小程序的用户的基本特征，但是通过自定义数据分析，运营者不仅可以查看多少用户进入购物车页面，还可以查看这些的用户画像信息。

图 6-13

2. 漏斗分析

漏斗分析更侧重用户的整体使用过程，即用户从进入小程序到完成购买的整个路径的流失情况。通过分析每一个环节的用户数量，运营者可以清晰地看出哪个环节的用户流失最严重，从而可将导致用户未完成购买的原因定位到具体的环节。为了提升用户转化率，结合漏斗分析数据，运营者接下来努力去优化流失严重的环节即可。

以微信官方介绍的漏斗分析为例。在查询漏斗分析后，运营者可以看到一个柱状图表，从中可以清晰地看到各个环节的转化率（见图 6-14）。

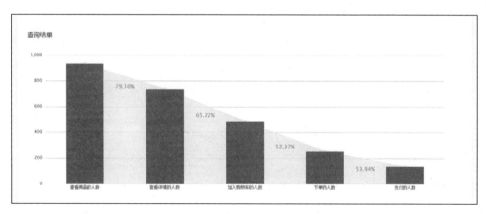

图 6-14

同时，运营者可以监测到从查看商品、查看详情、加入购物车、下单到支付整个路径的转化情况。整个环节流失率在 50% 以下，并且各个环节流失趋势相对平滑，说明各个环节之间的产品设计与运营没有太大问题。

课堂讨论

根据本节知识，以电商小程序"拼多多"为例，你觉得自定义分析可以分析哪些维度的数据？

// 6.4 小程序数据助手

小程序数据助手（见图 6-15）是微信在 2017 年推出的一个小程序，该小程序主要是为了让运营者通过移动端查看自己小程序的后台数据。

图 6-15

通过"小程序数据助手"，运营者可以方便地查询到所绑定的小程序的数据概况、访问分析、实时统计和用户画像等数据，授权完毕后，最多支持

60 个运营者查看数据。当管理员授权完毕后，运营者进入"小程序数据助手"，即可查看到对应授权小程序的数据，如图 6-16 所示。

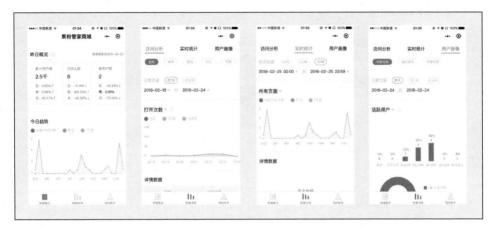

图 6-16

在"小程序数据助手"中查看数据时，运营者同样可以筛选时间范围，选择时间粒度，并选择查看不同数据维度的数据。例如，在查询实时统计时，选择时间范围、确定时间粒度后，可以查看所有页面的实时访问次数，在用户体验上与小程序交互十分相似，并且操作更加便捷，如图 6-17 所示。

图 6-17

如果是多个小程序的管理员或被授权查看多个小程序数据，想查看其他授权小程序的数据时，运营者只要在底部菜单栏"我的账号"中切换账号即可，如图 6-18 所示。

图 6-18

微信官方最先满足了移动端查看小程序的数据需求，并且是通过小程序查询小程序数据的方式满足，可谓充满新意。毕竟查询小程序数据需求对运营者而言并不是一个高频的需求，适合通过小程序来实现。从用户体验来看，基本的数据监测，"小程序数据助手"都可以满足需求，并且操作便捷、使用方便。

// 6.5 第三方小程序数据分析工具

目前小程序后台仅支持查看小程序本身的原始数据，包括小程序打开次数、访问次数、访问时长等，因此利用小程序后台查看的数据维度有限。为了更好地分析小程序数据，运营者可以使用第三方数据分析工具，掌握更多维度的数据，有利于做好数据分析工作。

1. 腾讯移动分析

网上搜索"腾讯移动分析"或访问链接 http://mta.qq.com/即可找到。

腾讯移动分析是腾讯数据云、腾讯大数据战略的核心产品，可以帮助开发者实时统计分析微信小程序的流量概况、用户属性和行为数据等。相比微信小程序后台，"腾讯移动分析"具有足够强大的服务器支撑实时发送策略，查询数据更加迅速，并且支持高级自定义事件打点统计分析，完美补充微信基础统计能力上的不足。

进入官网后，运营者能看到"腾讯移动分析"提供的主要功能有应用分析、环境分析、用户分析、自定义事件、来源分析、使用分析等，如图 6-19 所示。

图 6-19

在环境分析中，运营者除了可以查看地域、终端、机型等数据以外，还可以分别查看不同数据的趋势，如某小程序的主要用户集中在广东省，则运营者可以查看最近 30 天来自广东省的访问次数趋势。除此之外，运营者还可以查看网络数据，这个维度是小程序后台没有的数据维度。网络数据指的是用户使用小程序所处的网络状态，如图 6-20 所示。

除了环境分析以外，"腾讯移动分析"在用户分析、来源分析、使用分析等分类提供了大量小程序后台没有的数据维度，极大丰富了运营者可以查看的数据范围。例如，使用分析维度一类里面的下拉刷新分析、页面触底分析等维度，对内容型小程序监测用户读完率有非常大的帮助。

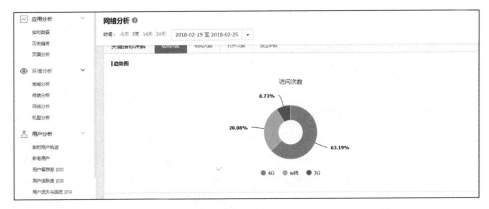

图 6-20

2. TalkingData

网上搜索"TalkingData"或访问链接 http://www.talkingdata.com/ 即可找到。

TalkingData 是移动互联网大数据服务平台，提供全面的产品统计分析服务，是中国最大的独立第三方移动数据服务平台，如图 6-21 所示。

图 6-21

通过这个平台，运营者除了可以查看常规数据以外，还可以使用扫码分析、电商业务分析等功能。通过扫码分析可以查看不同二维码带来的扫码次数、新增设备数等数据，运营者能精准统计最有效的线下推广方式，并加大这种方式的推广力度，从而提升推广效率，如图 6-22 所示。

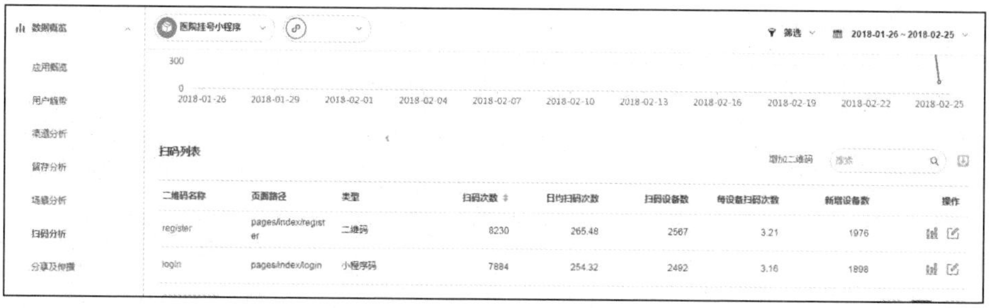

图 6-22

电商业务分析中的复购分析功能是为电商小程序量身打造的功能，通过复购分析，运营者可以查看付费用户在一定时间周期内的复购率，如图 6-23 所示。

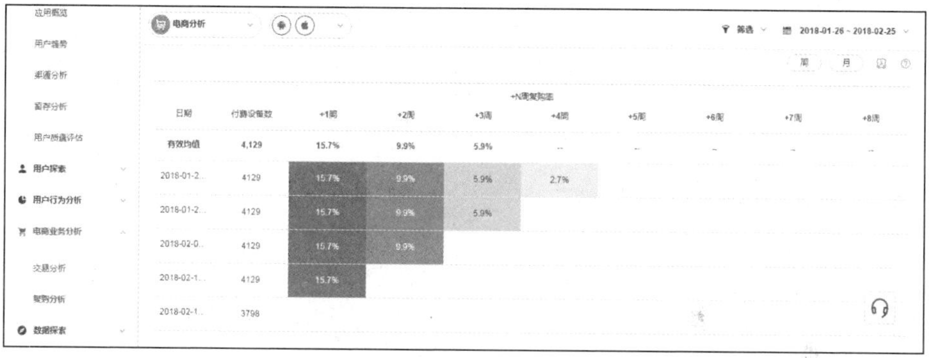

图 6-23

复购率数据对电商小程序运营者来说非常重要。复购率越大，反映出消费者对品牌的忠诚度就越高，反之则越低。因此，通过日常监测复购率，运营者能评估消费者喜好，判断产品销量的走势。

3. 阿拉丁指数

网上搜索"阿拉丁指数"或访问链接 http://www.aldzs.com/ 即可找到。

阿拉丁指数是微信小程序首家指数排名平台，列出全网小程序排名指数变化情况，有效帮助小程序运营者查找最新、最热的小程序，如图 6-24 所示。

运营者可以通过阿拉丁指数网站查看小程序排行榜。排行榜按照时间分为日榜和周榜，按照类型分为小程序总榜、内容榜、工具榜和零售榜，如图 6-25 所示。

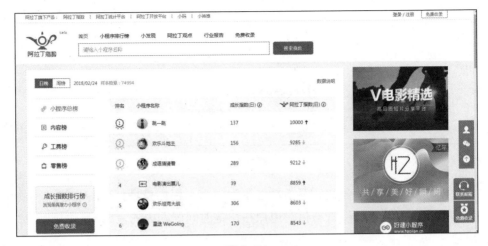

图 6-24

图 6-25

通过这个榜单，运营者能快速了解不同类别的小程序运营情况。例如，运营者想知道工具类有什么比较优秀的小程序，点击进入工具榜即可查询。同时，日榜和月榜又可以帮助运营者了解最近比较火爆的小程序。阿拉丁指数网站满足用户以前在微信仅能使用已知小程序的痛点：如果用户听过某个小程序，在没有其他好友推荐的情况下，可能很难找到他需要的小程序。但是有了小程序排行榜后，各种类型的程序一目了然，用户可以根据自己的需求去了解感兴趣的小程序。

除了查看小程序榜单外，该平台还支持免费收录小程序，运营者可以将自己运营的小程序上传至阿拉丁指数，从而加大对小程序的曝光，这不失为一个免费的宣传手段。

实战训练

结合本节介绍的 3 个第三方数据分析工具，选择合适的网站尝试完成以下任务。

（1）查找一个自己从没使用过的工具类小程序。

（2）找出零售类排名前 5 名的小程序，体验其功能。

（3）查询自己或朋友运营的小程序的用户网络状况数据。

07 Chapter

第 7 章
小程序企业应用案例

通过阅读本章内容，你将学到：

- 优秀小程序的核心功能
- 小程序案例的开发思路
- 小程序案例的设计分析

对企业而言，有用户的地方就有营销。由于小程序具有"入口多""打开快"等诸多优势，而且功能不断优化，因此企业新媒体团队不能仅仅停留在用户视角，而应尝试用小程序助力企业新媒体营销。

本章将通过交通类、电商类、金融类、教育类、餐饮类、物流类、房产类及生活类的具体案例，解析小程序在各行业的应用方法。

// 7.1　交通类："车来了精准实时公交"小程序

1．品牌简介

"车来了"是一款查询公交车实时位置的手机 App。用户通过 App 可获得相关线路公交车的精准实时信息，如到站时间、到站距离等。

2．开发思路

"车来了"目前已经拥有 App 及微信公众号，因此小程序的开发思路是"简单、快速"：一方面，功能足够简单，不需要资讯、积分等复杂功能，只提供实时查询功能；另一方面，优化操作步骤，让用户一键查询所需线路。

3．主要功能

按照以上开发思路，"车来了"App 团队开发出对应的小程序"车来了精准实时公交"，主要功能包括城市切换、线路搜索、附近线路、最近使用和线路收藏。

（1）城市切换

用户进入"车来了精准实时公交"后，点击右上角的城市名称，选择所在城市，即可进行城市切换，如图 7-1 所示。

（2）线路搜索

用户可以在"车来了精准实时公交"小程序顶部搜索框中搜索相关信息。目前，该小程序支持"车站"和"线路"两种搜索方式，如图 7-2 所示。

（3）附近线路

"车来了精准实时公交"小程序可以根据用户所在位置，直接关联附近线路。

点击城市名称　　　　　　　切换城市

图 7-1

点击搜索框　　　　　　车站搜索　　　　　　线路搜索

图 7-2

（4）最近使用

用户可以点击"最近使用"直接查看近期查询过的车站或公交线路，如图 7-3 所示。

图 7-3

（5）线路收藏

用户可以点击线路详情页面右下角的星形标志，收藏常用的线路。随后打开"车来了精准实时公交"小程序，即可直接在"收藏"栏目查看该线路，如图 7-4 所示。

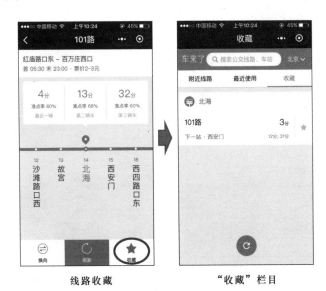

线路收藏　　　　　　　　　"收藏"栏目

图 7-4

4. 案例分析

"车来了精准实时公交"小程序一经推出便受到用户青睐，主要因为其有三大特点。

（1）降低体验门槛。在开发小程序前，"车来了"已经有自己的 App，但 App 需要下载，既花时间又占手机内存。同时，由于 App 的使用场景是"站台等车"，没有 Wi-Fi 可用，一部分用户又会由于手机流量问题而拒绝使用。

"车来了精准实时公交"小程序则可以很好地解决这一问题。用户无须下载，在微信直接打开即可；小程序使用的流量小于 1MB，在多数用户的流量承受范围之内。因此，小程序可以让更多人体验"车来了"的功能，降低了新用户的体验门槛。

（2）解决核心需求，而不是复制 App 所有功能。"车来了"App 除了具有核心的"查看公交实时情况"功能外，还具有"消息""邀请有奖""共享单车""能量馆"等丰富的功能；而"车来了精准实时公交"小程序仅实现其核心功能"查看公交实时情况"，如图 7-5 所示。

App 的丰富功能

小程序的单点功能

图 7-5

实际上，该核心功能也是用户的核心需求。用小程序进行核心需求的单点满足，更容易得到用户的使用。

（3）缩短操作路径，综合提升用户体验。在满足用户核心需求的基础上，"车来了精准实时公交"小程序进一步尝试缩短用户的操作路径，人性化地识别用户位置并推荐周边线路，同时收藏功能便于用户一键进入。

围绕用户核心需求进行一系列"简化操作步骤"的功能设计，让"车来了精准实时公交"小程序的用户体验不断提升。

> **课堂讨论**
>
> 在微信中搜索"摩拜单车"小程序，尝试分析其与 App 有何不同。

// 7.2　电商类："京东购物"小程序

1. 品牌简介

京东是一家自营式电商企业，旗下设有京东商城、京东金融、拍拍网、京东智能、O2O 及海外事业部等业务模块。

京东的核心业务模块"京东商城"是一家线上综合购物商城，所售商品包括家电、数码、电脑、百货、服装、母婴、图书、食品等。

2. 开发思路

京东小程序的开发思路是"购物+社交"，即：首先，将 App 内的购物相关功能复制到小程序，满足用户"一键购物，购完即走"的需求；其次，顺应用户在微信中"聊天、看朋友圈"的习惯，用社交内容承载商品推荐的功能。

3. 主要功能

按照以上开发思路，京东团队开发出对应的小程序，在小程序搜索框中输入"京东购物"后搜索并点击即可进入。该小程序具有以下功能。

（1）基础购物功能能满足用户购物全路径需求。用户购物主要包括登录、搜索、查看商品详情、下单、支付等动作。在"京东购物"小程序内，以上5 个动作完全可以实现，如图 7-6 所示。

| 登录 | 搜索 | 查看商品详情 | 下单 | 支付 |

图 7-6

（2）差异化"购物圈"栏目能实现轻量级社交功能。"京东购物"小程序中间区域的功能模块为"购物圈"，与京东原生 App 中间的"发现"不同，如图 7-7 所示。

| App | 小程序 |

图 7-7

点击"购物圈"按钮后，用户可以翻看明星或购物达人的购物圈（见图 7-8），购买其推荐的商品。

图 7-8

（3）细节功能微调能实现小程序内快速跳转。细节方面，"京东购物"小程序在商品详情页增加了"快速导航"小标签，用户点开后可以一键直达"搜索""个人中心""足迹"等模块，缩短了跳转时间，如图 7-9 所示。

图 7-9

4．案例分析

作为电商类小程序的优秀案例之一，"京东购物"的优势主要体现在以下几个方面。

（1）基础功能完全复制，用户无须改变操作习惯。微信在 2017 年 1 月才推出小程序功能，而京东的原生 App 在此之前已经稳定运行数年，用户对各功能模块相对熟悉。

"京东购物"小程序没有大刀阔斧地进行功能模块重组，其基本购物功能与原生 App 几乎完全相同，用户无须重新学习，非常容易直接上手操作。

（2）顺应微信社交属性，增加社交模块。"京东购物"小程序基于微信开发，而微信具有很强的社交属性，因此京东团队顺应该属性，增加了"购物圈"模块。

同时，"小程序"与用户常用的"朋友圈"处于并列界面（见图 7-10），显然用"购物圈"作为差异化功能的名称，更容易被用户理解，降低了认知难度。

图 7-10

（3）建设独立小程序，打造群组优势。目前，京东商城已经为入驻商家

提供了"一键生成小程序店铺"的功能，为商家搭建独立小程序。图 7-11
列出了部分商家的小程序店铺。

图 7-11

　　商家独立小程序既方便商家与本企业公众号相关联，又可以建立群组优
势，使小程序内与京东相关的不止"京东购物"一款，而是出现更多的店铺
小程序，为京东品牌整体加分。

**课堂
讨论**

　　在微信中搜索"当当购物"小程序，尝试分析其主要功能。

// 7.3　金融类："农行微服务"小程序

1. 品牌简介
　　中国农业银行简称"农行"，是中国金融体系的重要组成部分，同时也
是世界五百强企业之一。

2. 开发思路

农行小程序开发的主要思路是"提升服务效率、打通场景入口、实现App 导流"：首先，将线下的排队、预约等服务放在小程序，让用户快速实现低频刚需操作；其次，加入合作伙伴优惠券，增加高频场景入口；最后，在小程序中加入 App 导流二维码，引导用户在 App 中实现更多功能。

3. 主要功能

按照以上开发思路，农行团队开发出对应的小程序，在小程序搜索框中输入"农行微服务"后搜索并点击即可进入。其主要功能如下。

（1）预约服务

在"农行微服务"顶部，用户可以点击"网点排队""大额取现"或"外币取现"按钮，随后选择营业网点、业务预约，如图 7-12 所示。

"网点预约"模块　　　　选择营业网点　　　　进行业务预约

图 7-12

（2）精选优惠券

在预约模块下方，用户可以点击"更多优惠"图片按钮，随后根据小程序的引导下载 App，查看并享受相关优惠服务，如图 7-13 所示。

（3）附近优惠

"农行微服务"小程序下方是附近优惠列表，点击后可以查看或领取周边商家与农行合作推出的优惠券，如图 7-14 所示。

"精选优惠券"模块　　　　　　引导下载 App

图 7-13

附近优惠　　　　　　　　　　查看详情

图 7-14

4．案例分析

作为金融类小程序的优秀案例之一，"农行微服务"主要有 3 个值得学习的地方。

（1）线下排队改为线上预约，提升服务效率。"网点取号后，排队时间长"是农行客户服务中的一大痛点。借助小程序实现预约功能，用户足不出户即可进行业务预约，提高服务效率的同时，提升了客户满意度。

据农行相关负责人表示，目前通过小程序预约排队的访问量已经超过其他渠道的 50%。

（2）引导用户享受更多服务，实现 App 导流。农行 App 在推广过程中，一直有"海报多、安装难"的问题。经过线下海报、宣传单等形式的推广，农行 App 已经有了一部分安装用户，但由于 App 安装过程比较复杂，用户在线下网点直接安装 App 有一定的限制。

用小程序引导用户下载 App 并领取精选优惠券，既能增加 App 的下载量，又能增加引导下载的友好程度。

（3）联合商家推出优惠券，打通场景入口。为了使金融服务进入更多场景，农行联合其他商家推出优惠券，通过"吃喝玩乐"进行场景切入——农行将小程序作为跨界合作的连接点，其互联网声量持续放大。

课堂讨论

在微信中搜索中国工商银行的"工行服务"小程序，尝试分析其主要功能。

// 7.4 教育类："天天练口语"小程序

1．品牌简介

"天天练口语"是沪江教育旗下的一款小程序。沪江教育诞生于 2001 年，并于 2006 年下半年开始企业化运营，其主营业务围绕英语学习，为英语学习者和教育者提供英语互动学习平台和学习资讯。

2．开发思路

沪江教育开发了"沪江英语""开心词场""天天练口语""CCtalk""沪江韩语"等数十个不同定位的小程序，而"天天练口语"是用户使用频率较高的小程序之一。

"天天练口语"小程序开发的主要思路是"练习+反馈"，一方面鼓励用户跟随标准进行发音练习，另一方面实时反馈练习成果。

3．主要功能

在微信小程序的搜索框中输入"天天练口语"后搜索并点击即可直接进入。这款小程序的功能较简单，主要是片段学习、跟读反馈。

（1）片段学习

"天天练口语"小程序每天发布 5 条左右的口语练习片段，用户点击进入后，可以听原文、看译文及看讲解，如图 7-15 所示。

|列表页|听原文|看译文|看讲解|

图 7-15

（2）跟读反馈

在片断练习时，用户可以点击下方的"跟读"按钮进行跟读练习，随后点击右下角的"看解析"按钮即可查看练习得分及改善建议，如图 7-16 所示。

4．案例分析

"天天练口语"的主体功能看似简单，却受到外语学习者的欢迎，并且进入"小程序 TOP100"榜单，成为教育类小程序的优秀案例之一，主要原因如下。

跟读练习　　　　　　　　查看得分与建议

图 7-16

（1）围绕"碎片化"设计，快速满足用户需求。"天天练口语"小程序摒弃了传统的大段文章练习方式，改为片段化练习，充分满足了用户在碎片化时间的学习要求——用户可以在 5 分钟以内学习一个片段，掌握核心技巧。

同时，"天天练口语"小程序不需要用户等待，在跟读练习后 3 秒以内即可获取得分，其即时反馈的体验得到了用户的好评。

（2）引入社交元素，激发用户的竞争意识。"天天练口语"在练习界面的右上角增加了"生成海报"功能，鼓励用户保存图片，增加了其转发的可能性，如图 7-17 所示。

点击"生成海报"按钮　　　　　生成海报

图 7-17

同时，在解析界面增加了"和朋友一起练"功能，引导用户转发至朋友圈，如图 7-18 所示。

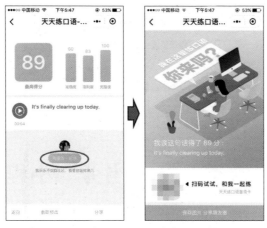

<table>
<tr><td>点击"和朋友一起练"按钮</td><td>生成图片，鼓励转发</td></tr>
</table>

图 7-18

一个人练习口语容易疲倦，但多人练习甚至多人比赛的形式，会让参与者产生竞争意识，进而提升小程序的用户留存率。

（3）加入信息提交按钮，促进转化。用户可以在解析界面的右下角点击"福袋"按钮，随后收到"恭喜你获得价值 399 元名师口语一对一测评"的醒目提示，如图 7-19 所示。

点击"福袋"按钮　　　　收到测评提示

图 7-19

用小程序内的"福袋"按钮引导用户提交手机、口语学习类别等信息，有助于销售跟进，从而综合提升小程序的转化能力。

课堂
讨论

"天天练口语"小程序增加"福袋"功能后，有什么好处？

// 7.5 餐饮类："i 麦当劳"小程序

1. 品牌简介

麦当劳是全球大型跨国连锁餐厅，主要售卖汉堡、薯条、炸鸡、汽水、冰品、沙拉、水果等快餐食品。现阶段，麦当劳正在全面推进"未来 2.0"餐厅体验升级，整合无现金支付、自助点餐系统、送餐到桌等元素，为顾客提供数字化、个性化和人性化的产品与服务。

2. 开发思路

麦当劳小程序开发的整体逻辑是"点餐+储值+会员+品牌理念"：首先用小程序缩短用户点餐时间；其次引导用户购买储值卡；再次嵌入会员体系及积分功能；最后用部分模块进行企业品牌理念展示。

3. 主要功能

在微信小程序的搜索框中输入"i 麦当劳"后搜索并点击即可进入。围绕以上开发逻辑，"i 麦当劳"小程序包括 4 个功能模块。

（1）点餐

"i 麦当劳"小程序最核心的功能是点餐，因此在小程序顶部最明显的位置，麦当劳用突出显示的"点餐这里入"引导用户点击，如图 7-20 所示。

（2）储值

在小程序首页，用户可以点击"麦有礼"按钮进入礼品卡界面，随后可以选择主题卡片并购买储值卡，如图 7-21 所示。

图 7-20

点击"麦有礼"按钮

选择主题词卡片

购买储值卡

图 7-21

（3）会员管理

"i麦当劳"小程序的会员管理包括积分商城及专属服务。

首先，用户可以点击首页的"积分商城"按钮，随后选择兑换商品，查看详情并使用积分兑换，如图 7-22 所示。

点击"积分商城"按钮　　　　选择兑换商品　　　　查看详情并兑换

图 7-22

　　其次，用户可以点击首页的"麦麦童乐会"或"麦麦开心餐会"按钮，进入会员注册或会员生日会预定模块，如图 7-23 所示。

会员服务按钮　　　　"麦麦童乐会"模块　　　　"麦麦开心餐会"模块

图 7-23

（4）品牌理念传达

在"i 麦当劳"小程序中，用户可以点击"开心通告栏""麦麦开心跳"或"麦麦一起玩"按钮，查看相关视频。这 3 个模块的视频都围绕"开心""快乐"展开，与麦当劳的快乐文化十分贴合。

4．案例分析

"i 麦当劳"作为餐饮类小程序的优秀案例之一，有两个值得学习的地方。

（1）布局多入口，强化核心功能。"i 麦当劳"实现的最核心功能是餐厅点餐——利用小程序点餐，可以缩短用户排队时间，提高服务效率。

为了强化这一功能，麦当劳进行了一系列入口设计，在首页顶部、首页左侧、中间栏目分别加入"点餐"按钮（见图 7-24），充分培养用户的使用习惯。

图 7-24

（2）加入礼品卡，实现"双重借力"。"i 麦当劳"小程序内的"麦有礼"功能，实际上是在微信官方小程序"微信礼品卡"功能上开发而成的，借助微信原有的功能模块可以降低开发门槛；同时，用户在"麦有礼"购买相关产品后，可以选择微信好友并进行赠送，如图 7-25 所示。

选择好友并填写祝福语　　　礼品卡赠送

图 7-25

该功能基于微信官方小程序功能开发，同时引导用户进行社交分享，实现了微信及用户的双重借力。

课堂讨论

在微信中搜索"汉堡王自助点餐"小程序，尝试分析其主要功能。

// 7.6 物流类："圆通小 App"小程序

1. 品牌简介
圆通速递是一家集速递、航空、电子商务等业务为一体的大型企业集团。公司总部位于上海，业务网络覆盖中国各个城市。

2. 开发思路
圆通速递的小程序开发思路是"简洁、易用"——不增加复杂的功能，而且用户进入小程序后能立即使用。

3. 主要功能
在微信小程序的搜索框中输入"圆通小 App"后搜索并点击即可进入。

围绕"简洁、易用"的开发思路,"圆通小 App"小程序包括 3 个功能模块。

（1）寄件

点击"圆通小 App"小程序的"寄件"按钮,即可进入寄件模块,如图 7-26 所示。

点击"寄件"按钮　　　　　　　寄件模块

图 7-26

（2）查件

在小程序首页,用户可以点击顶部的"查件"按钮,进行快递查询,如图 7-27 所示。

点击"查件"按钮　　　　　扫码查件　　　　　手动查件

图 7-27

（3）客诉

用户可以点击"客服投诉"按钮，进行投诉或催件，如图 7-28 所示。

点击"客服投诉"按钮 投诉或催件

图 7-28

4.案例分析

"圆通小 App"小程序有 3 个主要特点。

（1）力求简洁，不做复杂功能。圆通速递的微信公众号及 App 均有会员相关功能，如"积分互赠""抵用券兑换""流量兑换"等，但小程序几乎没有涉及此类功能。

由于功能模块较为简洁，用户可以一键寄件或一键查件，"圆通小 App"小程序虽然没有进行大量宣传推广，每日用户使用数量却在不断增加。

（2）围绕高频，细化核心功能。快递相关的小程序或 App 内的高频功能是"寄件"。围绕这一高频功能，"圆通小 App"小程序将其细化为"寄件""运费查询""地址管理""网点查询"（见图 7-29），使用用户无须进行过多操作，即可一键使用。

（3）独立开发，设计专属功能。由于圆通小程序力求简洁，不做复杂功能，因此没有在"圆通小 App"小程序增加会员功能。不过除了"圆通小 App"小程序外，圆通速递还开发了另一款小程序"圆通会员商城"。

图 7-29

　　"圆通会员商城"与"圆通小 App"小程序各司其职，相互独立——"圆通小 App"小程序满足用户高频需求，如寄件、查件、催件等；"圆通会员商城"小程序实现小型电商功能，用户可以在小程序内浏览商品、查看详情，如图 7-30 所示。

浏览商品　　　　　　　　　　　查看详情

图 7-30

课堂
讨论

在微信中搜索"中通助手"小程序，尝试分析其主要功能。

// 7.7 房产类："链家房屋估价"小程序

1. 品牌简介

北京链家房地产经纪有限公司是一个集房源信息搜索、产品研发、大数据处理、服务标准建立为一体的以数据驱动的全价值链房产服务平台，其主营业务包括二手房、租房、新房等。为不断提高购房服务体验，链家积极布局线上平台。

2. 开发思路

链家的小程序开发思路是"切合场景，单点突破"——结合约 8000 家门店的线下优势，找到客户沟通过程的关键点，寻求突破。

3. 主要功能

客户进入链家门店后，最常问的是"我的房子能卖多少钱""我要买的房子需要多少钱"等问题。找到这一沟通关键点后，链家团队尝试用小程序提升沟通效率——在微信小程序的搜索框中输入"链家房屋估价"后搜索并点击即可进入。

"链家房屋估价"的基本功能相对简单。用户进入小程序后，首先输入小区、单元、楼层等信息，随后点击"查看估价"按钮，即可快速完成房屋估价，获取房屋估价报告、近一年价格走势、小区近期成交等信息，如图 7-31 所示。

4. 案例分析

"链家房屋估价"看起来只是一款简单的估价小程序，其背后却做了巧妙的营销转化设计。

（1）销售转化

在"估价报告""近期成交"界面下方分别增加"让经纪人报价""咨询经纪人"按钮，用户点击后即可查看经纪人详情，随后通过短信或电话的方式与经纪人一对一沟通，如图 7-32 所示。

房屋信息输入　　　　　房屋估价报告

图 7-31

"让经纪人报价"按钮　　　点击"咨询经纪人"按钮　　　经纪人详情

图 7-32

（2）潜在留存

在"估价报告"上方设置"订阅"按钮，引导用户订阅该房屋的估价信息（见图 7-33）。这项设计有助于留存近期无购房需求的用户——这部分用户虽然近期不打算购房，但属于潜在用户，极有可能在浏览后续信息的过程中逐渐产生购房意愿。

"订阅"按钮　　　　　　　　"服务通知"订阅提示

图 7-33

（3）社交分享

在"估价报告"下方，用户可以点击"分享"按钮，将估价报告分享至微信好友或相关群组，如图 7-34 所示。

点击"分享"按钮　　　　　选择分享对象　　　　　分享估价信息

图 7-34

通过"销售转化""潜在留存""社交分享"设计，"链家房屋估价"小程序在看似简单的功能上，实现了转化率、留存率、曝光量的有效提升，进而提升了新媒体营销的整体效果。

> **课堂讨论**
>
> 在微信中搜索"安居客房产"小程序，尝试分析其主要功能。

// 7.8　生活类："万达电影+"小程序

1. 品牌简介

万达电影股份有限公司（以下简称"万达电影"）隶属于万达集团，拥有已开业影城 478 家，银幕总数 4211 块。围绕"一切以观众的观影价值和观影体验为核心"的经营理念，万达电影致力于打造全球领先的电影生活生态圈。

2. 开发思路

万达电影的 App 及微网页已经实现"购买电影票""参与线上活动""会员积分管理"等功能，其小程序重点围绕"购买电影票"这一用户核心需求进行开发。

3. 主要功能

在微信小程序的搜索框中输入"万达电影+"后搜索并点击即可进入。该小程序的主要功能如下。

（1）影院选择

用户在"万达电影+"小程序中点击顶部的"切换"按钮，即可进入影院切换模式，随后选择所需观影的影院，如图 7-35 所示。

（2）电影票购买

通过首页点击某个电影后，用户可以选择观影场次与观影座位，随后进行订单支付，如图 7-36 所示。

点击"切换"按钮　　　　　选择影院　　　　　切换回首页

图 7-35

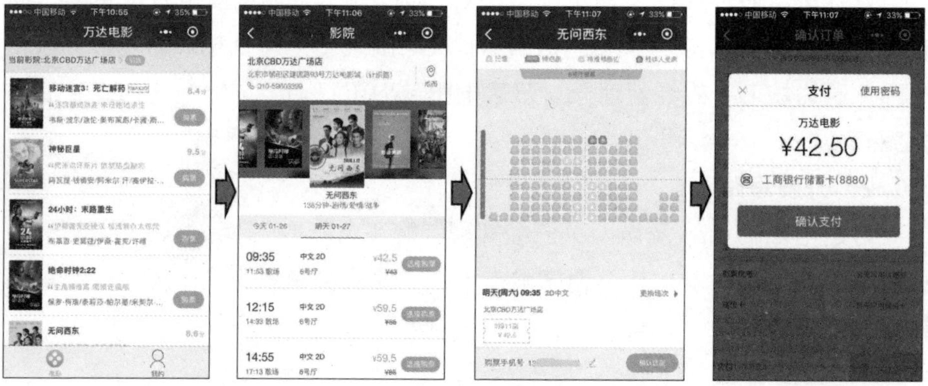

选择电影　　　选择观影场次　　　选择观影座位　　　订单支付

图 7-36

（3）订单列表

通过在首页点击"我的"按钮，用户可以进入订单列表（见图 7-37）。如果有尚未完成的订单，用户可以点击并继续支付；如果有尚未观看的订单，用户可以点击查看订单详情。

4. 案例分析

作为较早开发小程序的企业之一，万达电影的"万达电影+"与原生 App 做出了足够的差异化，而且与万达电影微信渠道进行了无缝对接。

点击"我的"　　　　　查看订单列表

图 7-37

（1）差异化复制 App 功能

部分企业的小程序与 App 功能相近，使小程序成为另一个 App。"万达电影+"小程序虽然复制了万达电影 App 的部分功能，却删掉了"参与线上活动""会员积分管理"等功能，只保留核心的购票相关功能。

由于小程序打开更快、使用更简洁，越来越多的人开始通过"万达电影+"小程序购票。

（2）公众号无缝对接

万达电影既在线下推广"万达电影+"小程序，又将其作为微信渠道的整体环节之一，与微信公众号相关联。

一方面，"万达电影+"小程序与万达电影相关的公众号都进行了关联，为公众号矩阵提供票务服务，如图 7-38 所示。

图 7-38

另一方面，万达电影的微信公众号通过按钮、文章等持续向小程序导流，如图 7-39 所示。

图 7-39

由于小程序完全基于微信体系开发，因此将微信体系下的其他产品与小程序充分融合，可以更好地提升影院的服务体验，获得用户好评。

课堂讨论

在微信中搜索"大地影院+"小程序，尝试分析其主要功能。